4+2R

第一次養好菌就上手

腸道健康食譜

人氣女醫 王姿允——著

晨星出版

改善腸道菌相，吃出人人稱羨的易瘦體質

# 適合廚房小白的
# 4+2R 腸道健康飲食全攻略

相信很多讀者已經看過我的前一本書：《增肌減脂：4+2R代謝飲食法》，該書由深入淺，從醫學病理的角度講述身體的組成、肥胖的成因、減肥的迷思、肥胖與腸道菌的關係，以及4+2R代謝飲食法的原則。

簡單來說，4+2R是一套藉由調整人類失衡的腸道菌相，來改善身體代謝疾病的非藥物性純飲食法。

出書後，收到很多讀者的反饋，最多的意見就是在《增肌減脂：4+2R代謝飲食法》書中，我只有提到原則，並沒有提供詳細的食譜。這是因為每個人的身體狀況都不一樣。我的目的是要治療肥胖、糖尿病、高血壓等代謝疾病，所以我會在門診時看你的抽血報告，確認包括肝腎功能、血糖、血脂、甲狀腺、血球等二、三十項數據，再依據個別的需要做調整。

另外，我還要了解你過去的疾病史、減肥史、是否有正在服用的藥物、是否備孕中、懷孕中或哺乳中、為高齡者或兒童等，不同族群都需要特別調整食譜，不可能把同一份食譜用在有不同病症的人身上。

更重要的是，我需要看到你的身體組成，確定你的體脂率和肌肉量，搭配年齡與目標，才能真正訂出真正最適合的分量——制訂一份真正有幫助的食譜。想想看，一位100公斤的男生跟一位60公斤的女生應該吃的食物

分量，怎麼可能一樣呢？

　　4+2R代謝飲食法研發至今已經六年多，書籍也已出版了近三年。在這段期間，有上萬人次的學員來找我看診，依照門診提供的食譜執行飲食控制，達到畢業目標並且輕鬆維持理想的身材與健康。不過，唯一的缺憾是：我們一向只能給出營養素的分量、烹調的原則與應該注意的事項，實際執行時要怎麼備餐、怎麼烹飪，並沒辦法很準確的指導，這對很多廚藝新手來說，真的不太容易執行。

　　於是，我花了一年的時間寫出了這本書，除了把更多4+2R代謝飲食法的原則說明清楚以外，更站在廚房小白的角度，從廚房用具挑選，調味料的介紹，烹飪方式，R2、R3、R4不同階段的料理示範，外食的方式，旅行時如何開心玩、放心吃，一直到維持期可吃的甜點，都有詳細介紹，就是希望大家在執行4+2R代謝飲食法時，更容易上手，也就更能夠堅持下去，達到自己想要的健康目標。

# 對家人的愛，是我最大的動力

作為媽媽也是營養師，我最關心的就是家人的健康。看著兒子從小學二年級開始慢慢變胖、肚子逐漸變大、體脂率也在上升，我知道，我得用我的專業知識來幫助他，這不僅是我的責任，也是我對家庭的愛。2020年下半年，面臨COVID-19疫情，學校放假期間，我開始控制孩子的飲食，特別是減少碳水化合物的攝取，這讓他的體脂從28%降到了22%。但是，當2022年恢復正常上學後，他的體脂率再次上升到29%，我真的又急又擔心。

2021年8月，我在為樂齡中心長者安排課程時發現了《增肌減脂4+2R代謝飲食法》這本新書，出於營養師的專業背景，對預防肌少症非常有興趣，加上從未聽說過4+2R代謝飲食法，我帶著好奇心買了這本書。閱讀過程中，我被王醫師的觀點深深吸引，她的方法不僅有科學數據支持，而且也與我自己作為營養師的理念相契合。經過一年時間追蹤觀察王醫師的臉書專頁，我發現她分享了許多令人印象深刻的成功案例，更包含在兒童減重方面，這些案例不僅讓我看到了4+2R的成效，也讓我對於兒童的體重管理有了新的認識和信心。

2022年11月，我帶著兒子去找王醫師尋求專業幫助，在這個過程中，很意外的，我先生也決定一起減重，我們將這視為一個家庭的目標，而不只是單獨對待。R的過程中，我每天為家人準備各式各樣的R料理餐，堅持選用優質食材和健康的烹飪方法。在四個多月的努力後，最終，親眼見證了兒子和先生的驚人改變：兒子的體脂率從26%降至16%，先生的體脂率也從36%下降到26%。

更重要的是，這段時間帶來了我們生活習慣和觀念上的重要改變，

孩子不再追求甜食，開始拒絕零食餅乾，甚至會向老師表明自己的飲食選擇；先生過去的重口味逐漸轉變，開始會享受真正天然食物的美味，我們全家人都從4+2R代謝飲食法中獲益良多。

## 用自身經驗，譜出最好的菜單

當我看到無齡診所在招聘營養師，其中一項寫著：有4+2R經驗、喜歡烹飪，心想：我沒有執行4+2R，但我比執行者更清楚知道如何做以及如何備餐！於是投了履歷，進而能跟王醫師與無齡診所同仁一起合作，能夠經由食譜提供營養師的專業，我十分的開心。

當您看診之後，醫師會為您量身打造個人化增肌減脂的「精準營養」分量菜單，您便能開始全新的生活飲食方式。這本書將成為您在此過程中的關鍵指南，陪伴您一起將這些營養分量轉化為美味且健康的餐點。

真心跟您分享，這是一本遵循4+2R飲食原則的食譜書，書的寶貴跟設計的難度之處，在於這是食譜書史上第一本在每道菜色設計中，都以全天然食物為基礎、無油、無糖、無奶、無麩質、適量鹽份，並且不含任何人工添加物，能真正用來養出好腸道菌群，為您打造健康體質的實用書籍。

每道菜色都附有營養成分分析，讀者更可以經由圓餅圖，快速了解菜色的組成，而精算出的蛋白質，更能讓讀者因應醫師開出的個人化菜單，做出分量的調整。另外也想跟大家分享，4+2R一開始時，可能對於飲食的調整會有些不適應，覺得味道偏淡，或是無油、跟R2階段時無肉的不適，但是當腸道菌群往好的方向改變時，您會越來越能感受健康食物原始的美好。

深知單調的食物會讓人感到乏味，長時間下來更是容易因為吃膩而放棄健康飲食，本書特意提供多樣化且富有風味的食譜，不僅打破飲食的單一性，還專注於養護腸道菌群，助您達成增肌減脂目標，促進整體健康，更希望您能以此食譜書為基底，創造出屬於自己的美味R飲食！

營養師 陳雅雯　2023年12月

# contents 目錄

# 第2章 4+2R 腸道健康飲食 基礎篇 33

# 第3章 4+2R 腸道健康飲食 食譜篇　75

# 第4章 4+2R 腸道健康飲食 叮嚀篇　245

# 4+2R 腸道健康飲食

## 概念篇

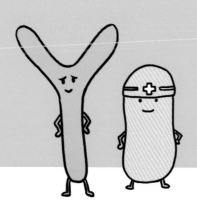

# 什麼是養好菌？

　　相信很多人都有養寵物的經驗，你可能養過狗、養過貓、養過魚，但你可能不知道，其實你也養著「大量的微生物」在自己身上。這些微生物包括細菌、真菌、古菌及病毒，它們棲息在你的身上，被你餵養著，與你共生。它們主要分布在腸胃道、皮膚、口腔、呼吸系統以及泌尿生殖道，每一群都有自己獨特的生態。

　　人體內的微生物有數千種，數量多達上百兆，其細胞總數是人體細胞總和的十倍以上。研究發現，人體的基因數量大約有兩萬多，但人體並不是只靠這些基因來維持運作，而是靠另外住在人類身上、數量高達三百到四百萬個微生物的基因，與人類共同形成一個有機體，共同居住、相互合作來維持人體的運作。

　　其中，占所有微生物中最大多數的菌群就住在腸道內，就是我們常說的「腸道微菌」，也是我們最容易透過飲食來改變的部分。這些菌菌就是你這顆人體星球上的居民，它們與你一起共存共榮。你給它們好的食物吃，它們就將這個星球的環境打理得更好；你打造出一個更適合它們生存的環境，它們就給你一個更健康的身體。

　　這些微生物是怎麼來的呢？首先，部分的微生物是與你一同來到這個世界上。根據自然產或剖腹產的不同，或吃母乳或配方奶的不同，一開始每個人身上就帶著不同的菌種。

講到菌種，一般我們會把腸道菌分成三大類：

1. 益生菌（10%～20%）
2. 常在菌（60%～70%）
3. 致病菌（20%）

初生嬰兒身體內有90%都是益菌，隨著攝入副食品和其他加工食品的量增加，到了青年時期，益生菌比例只有初生嬰兒的一半；到了中年期只剩不到30%；等到老年時期，益生菌的數量平均就只有初生嬰兒的1/9。

這是為什麼呢？因為現代人常見的不良飲食習慣、高飽和脂肪的危害、加工食品的添加劑、動不動就挨餓減肥、藥物或抗生素的濫用等，每一項都是益生菌的大敵。長此以往，體內益生菌就會不斷地減少，造成腸道菌相的紊亂與失衡。當整體菌相趨向由致病菌主導時，你的身體就會開始出現各種代謝疾病。

**你的身體不只是你自己的身體而已，而是微生物的家。你給它們吃什麼，它們就長成什麼樣子。**你用好菌愛吃的食物餵食它們，好菌就長得多；你吃那些壞菌愛吃的食物，壞菌軍團就會成長茁壯。

所以，我想請你把這些住在身體裡面、數量比人體細胞還要多的微菌們，當作是自己養的寵物。一位好的飼主，會為寵物提供適當的住所、乾淨安全的環境、供應高品質的食物以確保牠們的健康。所以，為了肚子裡面的菌菌，我要請你有意識地「**擇食**」。就好比「開心農場」的概念，我們種植不同的農作物來養育可愛的小動物，孕婦為了體內的胎兒選擇吃健康的食物一樣，你也要把自己吃下肚的食物，當成要餵食腸道菌的「飼料」。

# 爲什麼要養好菌？

　　早期的健康教育課本教導我們的概念是：小腸負責吸收食物的養分，大腸只負責吸收食物的水分、形成糞便。但隨著後來的研究發展，人類才開始了解，原來在大腸內還棲息著大量的腸道菌，是它們在維繫著人體的健康。

　　過去，我們一直將細菌視爲敵人，想著怎麼對付它們，但隨著醫學的發展，我們才知道原來細菌也分好壞。不管是益生菌、常在菌或致病菌，它們都大量的存在人體內；它們擁有非常複雜的生態系統，與人體相互作用。

　　這些微生物不僅影響腸道，甚至對人體健康有眾多方面的影響。你吃下的每一口食物都會被它們分解，並且產生各式各樣的「代謝產物」。這些訊號分子會與人體的基因互通有無，影響人體的生理機能運作，包括營養吸收、代謝疾病、大腦與情緒以及免疫系統。

　　**營養的吸收與應用**：腸道菌在腸道內會幫助分解、消化食物，也會吸收並應用營養。它們會合成人體所需的維生素和其他必要的化合物，如維生素K和維生素B群，同時也會參與發酵過程，產生對人體有益的代謝產物，如某些短鏈脂肪酸。

　　**控制代謝功能**：不管是糖尿病、肥胖或脂肪肝等代謝疾病，都跟腸道菌的調節有關。腸道菌與營養和代謝的相關功能，以及詳細的作用方式請見我的前一本書《增肌減脂4+2R代謝飲食法》，書中有非常仔細的說明。

調節免疫系統：很多人不知道的是，人體有超過七成免疫力來自腸道，腸道是人類最大的免疫器官。擁有健康的腸道菌相有助於維持腸道屏障的完整性，就能防止病原入侵。

影響大腦及心理：腸道之所以被稱為第二大腦，是因為腸道和大腦之間存在緊密的聯繫，兩者相互影響。研究發現，包括自閉症、阿茲海默症、過動症等病症，都與腸道有關。這種聯繫包含神經、免疫和內分泌系統的互動。腸腦之間對情緒、壓力反應及免疫功能等方面都具有影響力，因為腸道菌群可以產生神經傳遞物質，如血清素和多巴胺，這些物質在大腦中具有調節情緒和情感的作用。因此，腸道菌群可能影響情緒和心理狀態。

# 如何養好菌？

　　腸道健康在現代的醫學和健康領域中逐步站上了風口浪尖。許多研究顯示，腸道內的菌群不僅參與消化過程，它們還深刻地影響著我們的代謝、免疫反應，甚至與情緒和整體健康息息相關。當我們說到腸道健康，自然會聯想到益生菌，但要真正地維護腸道菌相的平衡和健康，遠比簡單地補充益生菌更為複雜。除了益生菌，益生元和後生元也在維護好菌中扮演著重要的角色。因此，要真正達到「養好菌」的目標，我們需要深入理解──益生菌、益生元和後生元──這三者之間的相互作用和重要性。

##  益生菌 Probiotics

　　講到腸道好菌，你是不是首先會想到「益生菌」呢？市面上所販售的益生菌五花八門，我的門診學員以及執行4＋2R代謝飲食法時，也會使用益生菌。但殘酷的事實是：**單獨食用益生菌並不會改變你的整體腸道菌相！**

　　益生菌被你吃下去後，它們並不會長期住在你的腸道裡。不管吃的是一百億、三百億、一千億都一樣（總不可能吞個千億隻菌，人體腸道就會永久增加千億隻益生菌吧！）。由於我們的腸道有「定植抗性」，原本住在腸道中的上百兆隻原生種細菌有自己的生態系，這些腸道的原住民會排斥外來族群，迫使它們無法停留在腸道黏膜上。所以，你吃的益生菌只會在腸道中停留幾天，發揮完作用之後，就會隨著糞便一起被排出體外，不會長久住在體內。

我讓門診學員使用益生菌的目的並不是「吃益生菌來讓好菌變多」，而是替代西藥或中藥來緩解一些症狀。例如很多學員剛開始執行4＋2R代謝飲食法時，因為腸道菌相還沒有改變，原有的便祕、腸躁症、胃食道逆流、胃潰瘍等問題需要先處理，所以我會選擇用藥物以外的方式來改善症狀。這時候，使用益生菌可以改變腸道的環境（★注意：並非改變菌相組成），它們的存在就像外派傭兵，可以聲援原有的好菌來抵禦外侮，幫助好菌壯大聲勢，暫時增加腸道的戰力。對我來說，益生菌是一種緩解身體症狀的輔助用品，想要真正養出自己原生的農場好菌，仍要靠長期的改變飲食以及生活型態，才有可能達成目標。

 # 益生元 Prebiotics（又稱益生質、益菌元、益菌生）

既然吃益生菌無法讓腸道內的益生菌數量變多，那我們應該怎麼辦呢？

**「吃益生菌喜歡吃的東西就對了。」**

益生菌喜歡吃的東西，叫做益生元，定義是「不會被宿主消化，但能選擇性地被與宿主共生的微生物利用，因而促進宿主健康的物質」，我把它稱為「好菌的飼料」。

**益生元大多存在於蔬果及全穀雜糧中**，它們是「腸道菌可利用的碳水化合物」，例如最常聽到的「膳食纖維」。這些不會被小腸吸收的物質，能夠抵達大腸供微菌發酵利用，增加代謝產物跟菌相的豐富度。

除了在R2～R4階段中每天要吃的蔬菜、菇類富含益生元以外，我在門診中會使用含菊苣纖維的MNT®蛋白營養素，以及含有特殊後生元和加了益生菌的雙L益菌糖，這些都是腸道好菌最愛的飼料。經過實測發現，益生元可以有效改變腸道菌組成，提升好菌的數量。

# 後生元 Postbiotics

後生元指的就是微菌分解益生元後的代謝產物，受質大多是碳水化合物，少量是胺基酸。舉例來說，膳食纖維被發酵後的產物就是「短鏈脂肪酸」，人體內含量最多的短鏈脂肪酸是丙酸、丁酸跟乙酸。丁酸是腸道重要的能量來源，大部分由厚壁菌門（Firmicutes）來製造，跟抗發炎以及抗癌能力有關；丙酸多數是由擬桿菌門（Bacteroidetes）製造的多，和腸道的糖質新生以及相關的血糖穩態有關。這些後生元都是重要的訊號傳遞分子，可以結合腸道上皮的接受器，影響代謝跟免疫以及神經傳導的功能。

雖然在市面上的一些保健食品內含丁酸，但是並沒有補充後的實證效果，在免疫相關的動物實驗也發現，口服丁酸跟微生物在腸道中天然產生的丁酸，無法產生相同的效果。由此可見，在益生元被發酵的過程中，所有微生物的聯動是單純補充後生元無法取代的，因此給予豐富多樣的植物性飲食，才是增加後生元的數量最好的方式。

那麼，到底要如何養出好菌呢？我對此設計了「4＋2R代謝飲食法」，其具體的食譜將在後面的章節詳細說明，這邊先簡單將「4＋2R代謝飲食法」的中心思想和元素總結如下：

## 4＋2R 代謝飲食法

1 高植物蛋白

2 高植物纖維

3 低飽和脂肪

4 低人工添加物

5 少用藥物

# 4 + 2R 養好菌

4+2R代謝飲食法是我針對「養出好菌多樣性」所設計的階段性飲食計畫。飲食計畫的重點不在熱量有多少，而在於整體的營養比例跟營養來源，以及進入下一階段的時間點。**最重要的關鍵在於有沒有吃對食物，攝取足夠的蛋白質分量。**

 ## R1 清除期
—— Remove清理腸胃，快速改變菌相

藉由高蛋白（60%左右）、低碳（10～20%）、低脂（20～30%）的方式達到兩個目標：

將身體快速切換到積極燃脂模式。

快速改變腸道菌相。

經糞便腸道菌相檢測發現，短期內的特殊比例可以看到菌相的變化，而這是一般原型食物飲食很難達到的比例，因此須飲用「無任何添加物」的優質蛋白質補充劑，提高蛋白質攝取比例。

過去研究發現，無論是增稠劑、乳化劑、香料、色素或防腐劑，都會影響菌相，因此我們在診所使用的MNT®蛋白營養素（以下簡稱MNT®），是以我當初設計腸道菌跟減重飲食的研究而特別研發的產品。它是無添加

物、動物加植物的複方蛋白質，是提供最適合增肌減脂的胺基酸比例。

之所以採用流質的飲食方式，是因為高比例的蛋白質其飽足感非常強，用喝的會更容易達標。在R1清除期的最初幾天，體重會下降主要是因為排出腸胃內的滯留物質以及體內的多餘水分。當腸胃變乾淨、身體循環變好之後，在接下來的階段，營養會更容易被身體吸收，細胞才會覺得滿足。此時的數據下降幾乎都是水分，因此體脂率微升是正常現象。

# R2 減脂期
## ──Renew減脂養好菌

經過全流質的R1清除期後，身體已排除多餘水分及肝醣。在R2減脂期，我們開始吃固體食物，體重會略為回升是正常的，請不用緊張。此時，體重的下降不再只是多餘水分排出，體脂率下降也會比體重更明顯。而且，由於脂肪下降的速度比肌肉慢，體重下降速度會減緩也是正常的。依照我診所學員的情況來看，脂肪下降速度也有很大的個人差異。一般來說，大多數人平均一天可減少0.1～0.3公斤的脂肪，但也有一天就可減少0.5公斤以上純脂肪的學員。

只要堅持依照R2減脂期的食譜分量來吃，嚴禁挨餓就會逐步減脂。你可以注意衣物或褲子有沒有變鬆，身形有沒有持續改變。若覺得太飽或飽足感不夠，都建議回診進行身體組成分析，並與醫師討論如何調整食物分量。

R2減脂期的另一個重點是開始要積極補充腸道好菌喜歡的食物，也就是**水溶性與非水溶性纖維、低脂高纖的植物性蛋白質**。所以，這個階段的食譜會是以豆腐＋蔬菜＋雞蛋為主的蛋素料理。由於乳製品含有各種易造成過敏跟發炎的物質，所以必須從食譜中排除。除此之外，每日都需要攝取適量的菇類與蔬菜。

## R3 修復期
—— Repair增肌補好油

在R2減脂期減去原本體重的10%以後，就達到進入R3修復期的最低門檻。但身為醫師的我會根據個別學員的抽血數值、身體組成變化、發炎情況等為依據，與學員討論進入R3修復期的時間點，因此每個人的時間點會略有不同。

在R2減脂期以前的飲食內容，降低了來自動物性的飽和脂肪，這是為了降低壞菌的數量，提升好菌的數量，調節原本失衡的生態系。經過一段時間的R2減脂後，體脂率就會有明顯的下降與改善。

過去減肥相關研究發現，減重10%以上才能看到諸多與發炎相關的慢性疾病的改善，包括代謝症候群、關節炎、憂鬱症等。這些代謝和腦腸軸的改善也代表著腸道菌相的改善。研究也發現，腸道菌的多樣性和基因的豐富度，都會在以植物性為主的飲食介入之後大幅上升。這時候再加入肉類，對身體的傷害就不會太大，但實際的介入時機還是有個別差異性。

在體脂率明顯改善的R2階段之後，正是增加肌肉質量的絕佳時機。此時，胰島素敏感度提升，可以通過增加富含必需胺基酸的肉類來幫助肌肉增長。另一方面，當肝臟對脂肪酸和葡萄糖的代謝恢復正常之後，適量補充富含不飽和脂肪酸的堅果類作為點心，對提高脂肪代謝也有幫助。

## R4 定點期
—— Recode編碼新定點

要進入R4定點期階段，首先體脂率必須達到醫師建議的目標，原則上是女性要小於25%，男性要小於20%。當體脂率降低到這個程度，意味著復胖

的風險減小，且肌肉比例已經明顯超過脂肪。在這個階段，可以在中午增加含有高纖維的抗性澱粉的食物，不僅能幫助增強肌肉、減少脂肪，還有助於維護腸道健康，為後續的飲食維持期打下良好基礎。

# R5 記憶期
## ——Remember開始記憶新定點

進入R5記憶期代表你已經達到理想體脂率，並正式進入維持期。但是別以為達到目標就可以鬆懈，其實接下來的半年到一年才是最大的挑戰！

雖然很多人認為已達到目標就可以隨意享受，但這階段的真正目的是讓身體習慣新的體脂率定點。**維持期才是真正的開始！要是此時就放鬆的話，身體很可能沒多久就會回到原來的體脂率。**在新建立的腸道菌叢還未完全穩定時就放鬆，先前的努力很可能就付諸流水。

**表 1** 理想不易復胖體脂率範圍

| 性別 | 理想不易復胖的體脂率範圍 |
|---|---|
| 男性 | 6～16% |
| 女性 | 14～24% |

此階段飲食重點是：讓身體的發炎狀態降下，故採用低發炎飲食（第三章會進一步說明）至少要六個月以上。更重要的是，要提升相關好菌的數量來平衡免疫反應，避免身體為對付壞菌而持續發炎，延長R1～R4減脂期養出的好菌紅利。

27

| 表 2 | R5記憶期的生活飲食原則 |
|------|----------------------|

| 原則 | 說明 |
|------|------|
| 水分 | 每日3000毫升（ml）左右。 |
| 睡眠 | 晚上10點前休息，睡足6～8小時。 |
| MNT® | 早餐及下午茶時間可視個人飲食情況補充蛋白營養素，幫助穩定整天的血糖，避免下午時間因胰島素升高的低血糖，引起暴食現象。<br>★ 即使在非體重管理的情況下，若是經常飲食不正常或是對蛋白質分量攝取不足的人而言，蛋白營養素是快速又優質的補充來源。 |
| 優質蛋白 | 1. 應多吃的頻率，依序為：豆、蛋、海鮮、魚、肉、奶。<br>2. 少加工，以原型食物為主。<br>3. 低脂、去皮的小型魚。<br>4. 紅肉少吃：一週一次為限。 |
| 蔬菜 | 1. 海藻類及富含黏液蔬菜：水溶性纖維。<br>2. 粗纖維蔬菜及菇類：不溶性纖維。 |
| 澱粉 | 1. 挑選含纖維、蛋白質及抗性澱粉高的澱粉食物。<br>★ 每日建議量：女性1～1.5碗／天，男性1～2.5碗／天<br>2. 熟米飯類，每餐建議量為40～80克。 |
| 水果 | 1. 運動日才能吃水果。<br>2. 建議挑選：蘋果、芭樂、奇異果或莓果類等相對低糖分的水果。<br>3. 分量約每天120～150克。 |
| 運動 | 1. 每週至少2次無氧運動，做一休二；3次有氧運動。<br>★ 依序為：無氧→有氧→有氧→無氧→有氧<br>2. 每次30～60分鐘。<br>3. 運動後，建議搭配拉筋及按摩來放鬆全身肌肉。 |
| 營養劑 | 可以持續補充。劑量及頻率，請與醫師討論。 |
| 定期回診 | 2～3個月回診一次。 |

# R6 重設期
—— Reset重設完成，變身「吃不胖」體質

在經歷半年到一年的努力，成功維持理想體脂率後，你的身體已經建立了新的、更穩定的代謝定點。這意味著，即使偶爾享受一些喜愛的食物，也不會輕易導致體重回升。

此階段的飲食原則與R5記憶期相同，關鍵就是要持續健康的飲食習慣和規律的生活方式。請記住，保持健康的身體並不只是一段時間的努力，而是需要終身持續的投入！透過這樣的生活方式，你不僅能享受到擁有健康身體的好處，也能真正體驗到「吃不胖」的自由和快樂。

到了R6階段的人，經過畢業後的各種食物重新探索後，會發現很多以前喜好的垃圾食物變得索然無味，反而覺得R4期間的各類原型食物越來越美味迷人。恭喜你！那正是腸道菌健康的表現！腸－腦軸正順利的正向回饋，給你更健康的身心靈，還有「好維持」的身形。

# 養出好菌之後？

前面章節我們說過，吃進什麼食物，會影響我們的腸道菌變成什麼樣子。但不要忘記，腸道和大腦之間的關係千絲萬縷，因此進食的真相很可能並不是「你」想要吃什麼，而是「你的腸道菌」決定了你想要吃什麼！

「擇食」（Diet selection）是動物的基本行為，但卻牽涉各種複雜的機轉，與生態環境的變遷和生物的進化有關。而「對膳食營養素的可用性需求」會強烈影響擇食行為。腸道微菌群已被證明可以代謝許多營養素，這也促成了腸道菌可以影響飲食選擇的假說產生。

研究發現，擁有草食動物菌相的小鼠，會自願選擇較高的蛋白質：碳水化合物（P：C）比例飲食；而擁有雜食動物和食肉動物菌相的小鼠選擇P：C比例較低的飲食。有趣的是，這些草食小鼠自願性的降低碳水化合物的攝取，讓牠們在達成蛋白質平衡穩態的情況下，降低總能量的攝取，這跟過去的「蛋白質槓桿理論」（Protein Leverage）是一致的。也就是說，生物會優先吃夠能夠維持身體所需要的蛋白質，才會停止取食的行為。

因此，若你身上的腸道菌傾向喜歡吃低P：C比例的飲食，就會讓你吃下過多的食物才停止；若你的腸道菌喜歡吃高P：C比例的食物，就會讓你因為提早達到蛋白質的需求而不會多吃。

為什麼4＋2R代謝飲食法比其他的飲食法，讓人更不容易復胖？因為如果你是靠長期的斷食、低熱量的飲食、大量的運動來減肥，就算體重成功下降，並不會對腸道菌相有任何改善，許多飲食法甚至會破壞腸道菌相，讓原本紊亂的菌相更貧瘠。

在你養出好菌之後，它們會對你的擇食行為產生影響，驅使你吃那些它們更喜歡吃的食物。這也就是非常多的學員在回饋時會說，他們在放縱日吃那些以前喜歡吃的甜食，突然覺得不好吃了；對吃和牛失去興趣，反而愛上吃豆腐和青菜；覺得垃圾食物，還真的是垃圾！

這是因為你的腸道菌跟以前不一樣了。它們會選擇它們愛吃的健康食物，不需要你憑藉意志力或刻苦的自律，甚至是長時間挨餓來減重，而是出自腸道微生物的自然選擇。

很多沒執行過4＋2R代謝飲食法的人都會有相同的疑慮：如果畢業回到正常飲食之後會不會復胖？其實如果你有完整執行過4＋2R代謝飲食法，你就不會想要回到過去那種會讓你胖起來的、所謂的「正常飲食」。就是因為過去的不正常飲食導致你變胖和變不健康，又怎麼稱做「正常飲食」呢！

真正正常的飲食，是讓腸道已經養好的好菌們，來幫「你」選擇健康的食物，這才是有利於「你」的整體健康長久發展的飲食。

# 4+2R 腸道健康飲食

## 基礎篇

# 常用廚具

很多進行4+2R代謝飲食法的學員都是料理小白,一輩子沒進過廚房。所以我會從所需的基本廚具及食材開始介紹起。市面上的各種廚具選擇眾多,讀者可以根據自身的需求來選擇。

允兒醫師的小叮嚀

以下列舉的是我自己習慣使用或推薦的產品,與讀者分享我個人的使用體驗,並非要選用該品牌不可。任何具備文中所需功能的工具,或者依照自己習慣的烹飪方式來選用廚具,都沒有問題——重點要能持續下去!

##  不沾平底鍋

在準備4+2R代謝飲食法的餐點時,不沾平底鍋是廚房的必備工具,因其特別適合無油烹飪。這種鍋具的設計讓食物不易黏附在鍋底,從而減少了烹飪油的需求。除此之外,不沾平底鍋的溫度分布平均,可確保食物均勻受熱,不需要添加額外的油脂就能使食物保持濕潤、充分煮熟。

以下是選擇不沾平底鍋的一些要點:

材質:選擇高品質的不沾塗層非常重要。優質的不沾塗層耐用性高,多次烹飪後仍可保有不沾特性。常見的不沾塗層材質有PTFE(聚四氟乙烯)和陶瓷。PTFE塗層最為常見,不僅耐熱且食物不易黏著,但需要避免過熱以防止釋出有害氣體。陶瓷塗層是一種更天然的選擇,具有耐用且熱傳導性

好的特點，但可能需要更多的照顧以維持其不沾性。

　　尺寸：平底鍋的尺寸根據個人的烹飪需求而定。對於有一兩名成員的家庭，一個20～26公分的鍋子就足夠了。但是，如果你經常需要為更多人烹飪或烹煮大量食物，那麼可能就需要28公分或以上的鍋子。

　　耐用性和保修：查看鍋子的製造資訊和保修規定，可以幫助你判斷其耐用性。質量較高的不沾鍋通常具有更長的保修期。

　　手柄：鍋子的手柄最好是耐熱的，並且舒適好握。較重的鍋子可選擇雙手柄的設計，方便提起和移動。

　　清潔與維護：可用洗碗機清洗的不沾平底鍋雖然清潔起來更省事，但建議最好還是手洗以延長鍋具的使用壽命。同時，避免使用金屬鍋鏟或湯匙等廚具，以防刮傷不沾塗層。

## 氣炸烤箱／氣炸鍋

　　氣炸鍋是近年來很受歡迎的廚房用具，它通過將食物暴露於高速熱風中來模仿油炸的效果，強調其無油且更為健康的烹飪特色。氣炸鍋能製作出口感酥脆的食物，同時保持食物的濕潤和營養。從烹飪速度、清潔和節能方面來看，氣炸鍋有許多優勢。

以下是選擇氣炸鍋的一些要點：

容量：氣炸鍋的容量同樣根據不同需求來選擇。如果你的家庭人口較多或你常常需要為多人烹飪，容量較大的氣炸鍋會更方便。近來廠商也因應需求，推出14L大容量的氣炸烤箱，不僅可為全家人烹製豐富的餐點，也可以一次準備多道料理。

烹飪功能：人性化設計的氣炸鍋應具備多種烹飪模式和溫度設定。部分氣炸烤箱更已內建十多種選單，烹飪溫度範圍廣（50℃～220℃），可設定時間長（1～60分鐘），使用者能根據食材的種類和個人口味調整烹飪模式和時間。

使用與清潔：氣炸鍋的操作介面應該直觀易用，清潔方式簡單方便。許多品牌皆推出觸控式操作面板，使用起來非常便捷。另外，其不鏽鋼內膽不易腐蝕，清潔起來也相當方便。

特殊功能：部分氣炸烤箱的特殊設計，例如360度旋轉功能，讓熱氣更均勻地烹調食物，確保食物的每一部分都能均勻受熱。

附加價值：多功能的廚房用品不僅節省廚房空間，也讓飲食變化更多、不單調。例如氣炸烤箱的溫控功能，用來自製優格就很方便。將R1、R2所

需飲用的豆漿分量做成優格的話，即使在R1清除期，也能享受到吃甜點的滿足感！居家自製的新鮮豆漿優格，無論在口感還是營養上，都能確保有最佳品質，讓健康飲食生活更加便利，也更能堅持下去。

 # 手持攪拌棒／高速調理機

　　手持攪拌棒和高速調理機是處理食材的好工具，具有切碎、絞碎、磨碎、打發或混合的功能。市面上有很多種選擇，有些是二合一的攪拌棒，有些高階的機型還有磨豆和打濃湯的功能。

　　以下是選擇高速調理機的一些要點：

　　功能：以自己常用的需求來選擇。有些高速調理機除了可以混合和細磨食材外，還可當磨豆機、榨汁機、打蛋機使用。有些手持攪拌棒配有打發器、攪拌杯，甚至是食物處理器。

　　馬力：如果你需要處理較為堅硬的食材，如冰塊、堅果或冷凍食物等，就需要馬力較高的調理機。

　　操作和清潔：選擇容易操作和清潔的調理機，可以省下不少清洗的時間，有些部件可以拆下來清洗縫隙或使用洗碗機來清洗。

# 電子料理秤

　　對於執行4+2R代謝飲食法的學員來說，電子料理秤是必備的重要工具，方便精確控制食材重量及營養追蹤，幫助學員控制飲食，實現減脂增肌目標。這對於建立健康的飲食習慣和持續體重管理的過程來說，至關重要。


　　電子料理秤選購要點如下：

　　**承重量**：承重量通常要至少在2000～3000克之間。

　　**最小單位**：電子秤的最小單位必須可達0.1克或更精細的單位，對使用微量材料（如酵母）的食譜來說，非常關鍵。

　　**精確度**：選購一個具有高精確度的電子秤。優質的電子秤能提供準確的讀數，並確保獲得精確的食材量。

　　**單位轉換**：檢查電子秤是否具有單位轉換功能，例如克（g）、毫克（mg）、毫升（ml），方便根據使用的秤重單位做切換。

　　**簡易操作鍵與背光顯示螢幕**：直觀的按鍵能讓使用者快速且準確地秤量食材；即使在光線不足的環境中，若有背光顯示的螢幕，仍可清晰讀取數值。

　　**秤盤尺寸和材質**：秤盤尺寸必須足夠容納經常使用的容器或食材。同時，選擇易於清潔的秤盤材質，以確保衛生和方便清潔。

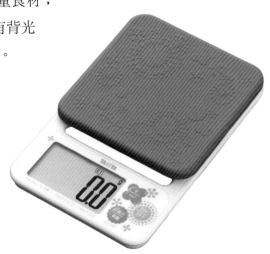

電池壽命：檢查電子秤所使用的電池類型。長壽命的電池能夠支持長時間使用，減少更換電池的頻率。

扣重歸零：建議選購可一鍵扣除容器重量的電子秤，以便快速歸零，省去複雜的計算。

額外功能：部分電子秤具有如計時器、自動關機等額外功能，可根據個人需求和偏好選購。

像TANITA這台電子料理秤KD-192，除了基本的扣重功能，最大承重量2公斤，最小單位0.1g，可快速切換克（g）、毫升（ml）的秤量單位，更擁有可拆卸式的矽膠秤盤，方便拆洗同時減少物體滑動。此外，盤面凹槽設計可減少粉末堆積，清潔方面非常貼心方便。日本品牌在耐用度及品質部份也擁有良好口碑，推薦給大家！

▲電子料理秤 KD-192

# 電鍋／萬用鍋

電鍋有加熱調理和保溫功能，無論是蒸、煮、燉、熬，只要一個按鍵就能輕鬆地享受美味又健康的飲食！

萬用鍋是一種多功能的壓力鍋，也被稱為多功能壓力鍋或電子壓力鍋。它結合了壓力鍋的高效烹飪功能和多種烹飪方式，提供方便、快速且多樣化的烹飪體驗，並且能夠更好地保留食材的營養價值和自然風味。

在選購萬用鍋時，應考慮以下幾點：

容量：根據家庭人數和烹飪需求，選擇適合的容量大小。常見的萬用鍋容量範圍從3～8升不等。1人份容量大約是1升，選購時可選擇比家中人口數再多1升的容量，避免烹煮時食材溢出。

多功能：確認是否具有你所需的多種烹飪功能，如壓力烹飪、炒、燉煮、烘焙、蒸煮等功能。若有定時預約或自動菜單的選項，可有效提升烹飪的效率。

安全性功能：留意萬用鍋的安全特點，例如壓力釋放閥、過壓保護和溫度控制等。確保產品具有多重安全機制，能夠在使用過程中保護使用者的安全。

操作和使用便利：選購具有直觀控制面板、易於操作的萬用鍋。一些產品具預設烹飪程序，可以簡化操作步驟。此外，確保機體容易清潔和維護，例如部件可拆卸清潔或有不沾塗層。

# 蔬果削鉛筆機

　　蔬果削鉛筆機（或稱蔬果刨絲器）是一種廚房工具，可以將蔬菜和水果切割成細長的絲狀，提供類似麵條的質感和外觀，以滿足減脂期間無法攝取傳統麵條但渴望類似麵條的需求。

 # 保鮮盒

　　保鮮盒便於保存和存儲食品，不僅可重複使用，也可於烹調時直接運用。為了確保食品的安全和盒子的耐用性，請參照以下幾個方面來選擇和使用保鮮盒，以確保食物的新鮮度和安全性，並延長盒子的使用壽命。

選擇要點
- 材質
  1. **玻璃**：選擇耐熱、耐冷的玻璃盒，如硼矽酸鹽玻璃。
  2. **不鏽鋼**：選用304或316材質。
  3. **塑膠**：選擇無毒、無味、無BPA（雙酚A）的塑膠盒。適合用於裝蔬果、無油或無酸的食物，才不會有塑化劑溶出的問題。
- 尺寸和形狀：根據存儲的需求，選擇不同尺寸和形狀的保鮮盒。
- 密封性：良好的密封性能保持食物新鮮，防止漏油、漏水和氣味混淆。

## 清洗和使用建議

- 避免高溫：如果保鮮盒不是專為微波爐或烤箱而設計的，請避免在高溫環境中使用。塑膠盒在高溫下可能會釋放化學物質。
- 避免使用磨損：不要使用鋼絲球刷或刷子清洗保鮮盒，特別是塑膠盒，否則可能會刮傷盒子，反而容易滋生細菌。
- 定期更換：即使經常清潔和保養，保鮮盒建議每隔一段時間就必須更換塑膠，因為它們會因使用而磨損。
- 清潔密封：確保定期清潔蓋子上的矽膠條及溝槽，此處容易積聚食物殘渣和細菌。

## 儲存建議

- 避免過滿：裝食物時須預留一些空間，以確保蓋子可以確實密封，以及避免食物洩漏。
- 標籤和日期：使用標籤標記食物和存放日期，避免超出保存期限，造成食物變質。

# 常用食材

這裡列舉的食材種類都是4+2R代謝飲食法中，最常攝取而且重要的食材。

 豆漿

**選擇無糖豆漿是最基本且關鍵的一步**。以下針對不同豆漿的蛋白質分量作說明：

1. 市面上常見品牌的無糖豆漿或黑豆漿，只要每100毫升容量，**蛋白質在3.5克以上**，碳水化合物在1.5克以下，都適合在4+2R代謝飲食法中選用。

2. 「高纖」或「濃厚」的豆漿則較不建議選用，雖然每100毫升中有4〜5克蛋白質，但碳水化合物往往會有3〜4克。相較之下，反而是一般豆漿的蛋白質比例較高。

3. 「元初豆漿」100毫升中蛋白質有5.5克，但碳水只有1.8克，是我喝過比例最高的，在4+2R代謝飲食法中選用當然沒問題。

4. 如果在R2減脂期之前使用元初無糖豆漿，請把食譜上的250毫升調整成150毫升，就是大約用原本2/3的分量就好；R3修復期之後要不要減少分量都可以。

豆腐

　豆腐的品牌和種類眾多，我門診的學員經常不知道該怎麼選。在此我要提醒的是：營養成分是選購時的重要依據，特別是蛋白質（P）與碳水化合物（C）的比值必須大於2，同時確保是非基改黃豆製成。

　以下將常見的豆腐種類及其推薦品牌列表整理如下：

表 3　**市售常見豆腐種類**

| 種類 | 別名 | 凝固劑 | 推薦品牌（P/C>2） |
|------|------|--------|-------------------|
| **板豆腐** | 木棉豆腐 | 硫酸鈣 | 義美板豆腐<br>中華板豆腐 |
| **嫩豆腐** | 絹豆腐 | 氯化鎂、<br>葡萄酸-δ-內酯 | 義美黑豆豆腐<br>義美湯豆腐<br>大漢超嫩豆腐<br>大漢涼拌豆腐<br>大漢家常火鍋豆腐<br>中華火鍋豆腐<br>中華家常豆腐<br>中華鹽滷豆腐 |
| **凍豆腐** | 冷凍的板豆腐 | 硫酸鈣 | 中華凍豆腐<br>義美凍豆腐 |

① 「百頁豆腐」和「芙蓉豆腐」並非豆製品。芙蓉豆腐是由雞蛋和調味料製成，蛋白質含量較低；百頁豆腐因含有大豆分離蛋白、油和澱粉，熱量相對較高。

② 豆干：很多人都愛吃的豆干雖然是豆製品，但因市場上的豆干多半含有添加物，有其他潛在的安全問題，因此不推薦食用。但這不代表豆干完全不能吃，只要能夠找到成分安全的品牌，同樣可以食用。

③ 豆包：請選擇生／鮮豆包，而非經油炸的豆包。

④ 豆腐皮／千張：選擇安心有信譽的廠商所出產的產品，同樣也可食用。

⑤ 天貝是由煮熟的黃豆與天貝酵母菌發酵形成。由於黃豆本身的碳水化合物含量偏高，因此建議R4定點期之後，再開始食用黃豆和天貝。

# 蛋

蛋被許多人認為是營養的寶庫，不僅提供人體必需的胺基酸，還富含各種維生素和礦物質。常見的「烤鳥蛋」使用的是鵪鶉蛋，除了維生素B$_2$含量比雞蛋略高一點，其他營養成分與雞蛋差不多。鴨蛋和鵝蛋脂肪含量都較雞蛋高，不過前者的維生素A含量及後者的蛋白質都更多一些。特別要注意，鹹鴨蛋的鈉含量極高；皮蛋的加工製程可能會有重金屬、且鈉含量也多，食用時須謹慎，盡量不食或一週限一次。

| 表 4 | 市售常見蛋種類 |
|---|---|

| 種類 | 安全等級 |
|---|---|
| 雞蛋 | ★★★ |
| 鵪鶉蛋 | ★★★ |
| 鴨蛋 | ★★ |
| 鵝蛋 | ★★ |
| 皮蛋（鴨蛋製） | ★ |
| 鹹蛋（鴨蛋製） | ★ |

【特別說明】
表格中所標示★為建議等級
★★★：較建議食用
★★：偶爾吃就好，不建議天天吃
★：盡量不吃或一週只能一次

# 蔬菜類

蔬菜不只是餐桌上的主角和配角，更經常用作調料來增加食物的風味。無論是根部、莖部、葉片、花朵，還是果實、種子、菌體，甚至藻類，都可以被視為蔬菜的一部分。

依據蔬菜種類和食用部位可以分九大類：根菜類、莖菜類、葉菜類、花菜類、果菜類、芽菜類、蕨類、蕈類與藻類。這些不同種類的蔬菜不僅能為飲食增添風味和色彩，還提供了豐富的膳食纖維、微量元素和植化素，對健康有著不可忽視的影響。

表 5 蔬菜種類和食用部位

| 種類 | 食用部位 | 常見蔬菜 | 建議等級 |
|------|---------|---------|---------|
| **根菜類** | 蔬菜根的部位 | 白蘿蔔 | ★★★ |
| | | 紅蘿蔔 | ★ |
| | | 牛蒡 | ★ |
| **莖菜類** | 蔬菜莖的部位 | 球莖甘藍 | ★★ |
| | | 竹筍 | ★★ |
| | | 茭白筍 | ★★ |
| | | 蘆筍 | ★★ |
| | | 薑 | ★★★ |
| | | 大蒜 | ★★★ |
| | | 洋蔥 | ★ |
| | | 甜菜根 | ★ |
| | | 水蓮 | ★★★ |
| **葉菜類** | 蔬菜的葉子部位 | 青江菜 | ★★★ |
| | | 芥藍菜 | ★★★ |
| | | 芥菜 | ★★★ |
| | | 油菜 | ★★★ |
| | | 小白菜 | ★★★ |
| | | 皇宮菜 | ★★★ |
| | | 包心白菜 | ★★★ |
| | | 茼蒿 | ★★★ |
| | | 萵苣 | ★★★ |
| | | 空心菜 | ★★★ |
| | | 菠菜 | ★★★ |
| | | 地瓜葉 | ★★★ |
| | | 芹菜 | ★★★ |
| | | 莧菜 | ★★★ |
| | | 紅鳳菜 | ★★★ |
| | | 高麗菜 | ★ |
| | | 娃娃菜 | ★ |
| | | 青蔥 | ★★★ |
| | | 韭菜 | ★★★ |
| | | 芫荽 | ★★★ |
| | | 川七 | ★★★ |
| | | 龍鬚菜 | ★★★ |

| 種類 | 食用部位 | 常見蔬菜 | 建議等級 |
|---|---|---|---|
| 花菜類 | 蔬菜花的部位 | 白花椰菜 | ★★ |
| | | 青花椰 | ★★★ |
| | | 韭菜花 | ★ |
| | | 金針花 | ★ |
| 果菜類 | 蔬菜的果實部位 | 絲瓜 | ★★ |
| | | 冬瓜 | ★★★ |
| | | 大黃瓜 | ★★ |
| | | 小黃瓜 | ★★★ |
| | | 櫛瓜 | ★★★ |
| | | 扁蒲 | ★★ |
| | | 苦瓜 | ★★★ |
| | | 山苦瓜 | ★★★ |
| | | 佛手瓜 | ★ |
| | | 大番茄 | ★★ |
| | | 茄子 | ★★ |
| | | 彩椒（各色甜椒） | ★ |
| | | 青椒 | ★★ |
| | | 秋葵 | ★★ |
| | | 豇豆（長豆、菜豆） | ★★ |
| | | 四季豆（敏豆） | ★★ |
| | | 豆莢 | ★★ |
| | | 荷蘭豆 | ★ |
| | | 甜豌豆 | ★ |
| | | 辣椒 | ★★ |
| | | 玉米筍 | ★ |
| 芽菜類 | 種子發芽部分 | 綠豆芽 | ★★★ |
| | | 黃豆芽 | ★★★ |
| | | 苜蓿芽 | ★★★ |
| | | 豌豆嬰 | ★★★ |
| | | 紫高麗菜芽 | ★★★ |
| | | 青花椰菜苗 | ★★★ |
| | | 蘿蔔嬰 | ★★★ |
| 蕨類 | 嫩葉（芽）部位 | 山蘇 | ★★★ |
| | | 過貓 | ★★★ |

備註：皇帝豆、蠶豆、碗豆、玉米、芋頭、地瓜、馬鈴薯屬於澱粉類，非蔬菜類

【特別說明】 表5中所標示 ★ 為建議等級
★★★：較建議食用。
★★：有些人可以放心吃，有些人會卡重，若發生卡重情形可以換成其他3★食材，或是偶爾吃就好，不建議天天吃。
★：碳水較高，不建議食用。

常見菇蕈類

　　菇蕈除了本身濃郁的香氣與風味，更因其天然的營養價值受到青睞。除了質地細緻之外，菇蕈類富含人體必需的蛋白質、纖維質與各類維生素，更具有抗氧化和強化免疫的效果。

**表 6　常見菇蕈類**

| 種類 | 建議等級 | 種類 | 建議等級 | 種類 | 建議等級 |
|---|---|---|---|---|---|
| 香菇（大小） | ★★★ | 草菇 | ★★ | 花菇 | ★★★ |
| 優 黑木耳 | ★★★ | 洋菇 | ★★★ | 優 雪珍耳 | ★★★ |
| 蠔菇 | ★★★ | 酒杯菇 | ★★ | 鮑魚菇 | ★★★ |
| 金針菇 | ★★ | 松茸 | ★ | 珊瑚菇 | ★★★ |
| 杏鮑菇 | ★★ | 猴頭菇 | ★★★ | 華翠菇 | ★★ |
| 鴻喜菇 | ★★★ | 喜來菇 | ★★ | 玫瑰菇 | ★★★ |
| 白蠔菇 | ★★★ | 白精靈菇 | ★ | 美白菇 | ★ |
| 優 白木耳 | ★★★ | 姬松茸 | ★★ | 秀珍菇 | ★★ |
| 舞菇 | ★★★ | 富珍菇 | ★★★ | 滑菇 | ★★ |
| 金喜菇 | ★ | 柳松菇 | ★★ | 松茸白菇 | ★★★ |

【特別說明】菇類的清洗方式，請見79頁。

 常見藻類

　　大海中蘊藏著一些美味的祕密，那就是各式各樣的海藻。這些海藻除了能賦予料理獨特的風味，也能為身體帶來眾多營養。一般而言，根據色彩，海藻可以分為綠藻、褐藻和紅藻三大類。

表 7 常見藻類

| 類群 | 說明 | 俗名 | 代表物種 | 建議等級 |
|---|---|---|---|---|
| 綠藻 | 海邊潮間帶最常見的海藻群,生長的位置離陸地最近。 | 海菜、海苔 | 礁膜 | ★★★ |
| | | 石髮、虎苔(臺語)、黑毛菜(臺語) | 滸苔 | ★★ |
| | | 石蒓 | 大野石蒓 | ★★★ |
| | | 海葡萄 | 小葉蕨藻 | ★★★ |
| 褐藻 | 極為常見的食材。 | 昆布、海帶結 | 海帶 | ★★ |
| | | 海帶芽、海帶根 | 裙帶菜 | ★★★ |
| | | 海茸 | 叢梗藻 | ★★ |
| 紅藻 | 因為細胞內充滿了藻紅素,能吸收一般的葉綠素難以觸及的青綠光。且因這種特性使它們能在較深的海域生長,帶來不同於其他海藻的特色與口感。 | 紅毛苔、紅毛菜、髮菜 | 頭髮菜 | ★★ |
| | | 海苔 | 紫菜 | ★★★ |
| | | 大本(臺語)、大本頭(臺語) | 日本石花菜 | ★★★ |
| | | 石花菜、牛毛菜、石花、鳳尾(臺語)、紫晶藻 | 優美石花菜 | ★★★ |
| | | 可食江蘺 | 可食龍鬚菜 | ★★★ |
| | | 黃氏蜈蚣藻(舊名)、海大麵(臺語)、菩提藻 | 黃氏葉膜藻 | ★★★ |
| | | 珊瑚草、海燕窩、雞腳菜 | 鋸齒麒麟菜 | ★ |

# 肉類

在R3階段可以食用肉類,但僅限於低脂去皮雞胸肉,次要選擇為低脂的豬里肌肉或豬腰內肉。表8中肉類分量都是「生重」(生肉重量)。

表 8 低脂肉類選擇與分量表

| 種類 | 名稱 | 生重 |
|---|---|---|
| 禽類一雞 | 去皮雞胸肉 | 150克 |
| | 雞柳 | 150克 |
| 畜類一豬 | 豬里肌肉 | 150克 |
| | 豬腰內肉 | 150克 |

##  海鮮

R3期間請選擇推薦的海鮮和魚類，烹調方法則限於無油、清蒸或水煮為主。食用魚類時，請去除魚皮。

| 種類 | 名稱 | 生重 |
|---|---|---|
| 海鮮 | 蝦仁、去殼蛤蜊、干貝、龍蝦、鮑魚、蟹管肉、小卷、花枝、透抽、魷魚 | 150克 |
| 魚類 | 鯛魚、鱸魚、多利魚、旗魚 | 150克 |

表 9　海鮮及魚類選擇與分量表

【特別說明】這些魚類的烹調只能是清蒸或水煮。膽固醇較高者，請依醫師囑咐選擇。

## 堅果和種子

堅果和種子含有豐富的蛋白質、纖維、維生素和礦物質，例如維生素E、鋅、鎂、鉀和磷，並富含單元不飽和脂肪、多元不飽和脂肪及抗氧化劑，可以降低心血管疾病的風險，保護身體免受氧化應激造成的傷害。

購買時應選擇包裝完整、未添加調味料、未經油炸、生的或經低溫烘焙的產品。這樣不僅保留了堅果或種子的天然風味，還能獲得其最佳的營養效益。為確保營養的攝取均衡且不過量，建議的每日攝取量為7～10克，以不超過30克為上限。

浸泡堅果有助於釋放其乳脂般的香氣，同時能夠釋放植酸和酵素抑制劑，減少可能妨礙消化的成分，增加營養價值。

1. 快速浸泡法：使用熱水將堅果浸泡30分鐘，或至堅果變得稍微軟化。之後，再將其沖洗並瀝乾。
2. 長時間浸泡法：如果時間允許，以冷水浸泡堅果，確保水分完全覆蓋堅果。可放在保鮮盒並覆蓋冷藏，讓其浸泡約8小時，隨後沖洗並瀝乾。

表 10　堅果類每日建議量及營養成分

| 堅果類 | 建議量(克) | 熱量(卡) | 蛋白質(克) | 脂肪(克) | 碳水化合物(克) | 糖質(克) | 膳食纖維(克) | 淨醣 | 淨p/c |
|---|---|---|---|---|---|---|---|---|---|
| 開心果（去殼） | 9 | 54.30 | 2.12 | 5.00 | 1.90 | 0.59 | 1.29 | 0.62 | 3.44 |
| 巴西豆 | 7 | 49.11 | 1.07 | 5.00 | 0.87 | 0.17 | 0.56 | 0.32 | 3.38 |
| 松子仁（生） | 7 | 48.12 | 1.19 | 5.00 | 0.67 | 0.26 | 0.30 | 0.37 | 3.21 |
| 核桃仁（生） | 7 | 48.19 | 1.13 | 5.00 | 0.82 | 0.13 | 0.45 | 0.37 | 3.07 |
| 杏仁片（生） | 10 | 57.56 | 2.85 | 5.00 | 1.78 | 0.37 | 0.68 | 1.10 | 2.60 |
| 杏仁果 | 10 | 56.93 | 2.20 | 5.00 | 2.33 | 0.43 | 0.99 | 1.34 | 1.64 |
| 榛果 | 8 | 49.26 | 0.98 | 5.00 | 1.29 | 0.18 | 0.60 | 0.69 | 1.41 |
| 加州杏仁粉–馬卡龍粉 | 10 | 60.28 | 2.04 | 5.00 | 1.78 | 0.44 | 0.00 | 1.78 | 1.14 |
| 杏仁條（加州杏仁果） | 10 | 60.28 | 2.04 | 5.00 | 1.78 | 0.44 | 0.00 | 1.78 | 1.14 |
| 甜扁桃仁（甜杏仁） | 9 | 60.15 | 2.02 | 5.00 | 1.77 | 0.45 | 0.00 | 1.77 | 1.14 |
| 腰果（生） | 11 | 61.57 | 2.01 | 5.00 | 3.33 | 0.79 | 0.40 | 2.93 | 0.69 |
| 無殼葵花子 | 14 | 76.35 | 3.11 | 5.00 | 4.73 | 0.00 | 0.00 | 4.73 | 0.66 |
| 夏威夷豆 | 7 | 47.94 | 0.52 | 5.00 | 1.27 | 0.34 | 0.44 | 0.84 | 0.62 |
| 南杏粉 | 14 | 71.46 | 1.33 | 5.00 | 6.48 | 3.60 | 0.66 | 5.81 | 0.23 |

表 11　種子類每日建議量及營養成分

| 種子類 | 建議量(克) | 熱量(卡) | 蛋白質(克) | 脂肪(克) | 碳水化合物(克) | 糖質(克) | 膳食纖維(克) | 淨醣 | 淨p/c |
|---|---|---|---|---|---|---|---|---|---|
| 山粉圓 | 39 | 109.72 | 6.41 | 5.00 | 22.76 | – | 22.70 | 0.06 | 106.33 |
| 奇亞籽 | 16 | 66.23 | 3.40 | 5.00 | 5.46 | 0.06 | 4.67 | 0.79 | 4.30 |
| 亞麻仁籽 | 12 | 59.06 | 2.58 | 5.00 | 3.49 | 0.16 | 2.87 | 0.62 | 4.19 |
| 白芝麻（熟） | 9 | 51.40 | 1.73 | 5.00 | 1.34 | 0.05 | 0.91 | 0.43 | 4.06 |
| 黑芝麻（熟） | 9 | 52.41 | 1.59 | 5.00 | 1.90 | 0.01 | 1.28 | 0.61 | 2.59 |
| 南瓜子 | 10 | 58.51 | 3.04 | 5.00 | 1.50 | 0.13 | 0.00 | 1.50 | 2.03 |

## 油脂類—酪梨

酪梨在六大類食物中歸為油脂類，有著許多有益的特性，含有豐富的單元不飽和脂肪酸，還擁有高濃度的營養素、膳食纖維、植化素和抗氧化成分。酪梨富含葉酸、類胡蘿蔔素，維生素C和維生素E。而且酪梨的鉀含量是香蕉的60%以上，一個一般大小的酪梨就含有13.5克的膳食纖維；含有植物固醇，能抑制膽固醇吸收，降低膽固醇、抑制腫瘤生長並減少炎症。

不過，由於其脂肪和熱量的含量較高，建議每日攝取量應控制在70～100克之間，最多不能超過100克，既能享受酪梨的美味和健康益處，又不會在減脂期造成不良影響。

 ## 抗性澱粉

澱粉是許多食物中的主要碳水化合物來源，根據其消化性，可以分為三大類：快速消化澱粉（Rapidly Digestible Starch, RDS）、慢速消化澱粉（Slowly Digestible Starch, SDS）、抗性澱粉（Resistant Starch, RS）。抗性澱粉在小腸中難以消化，當它進入大腸（結腸）後，會被腸道細菌發酵，產生重要的代謝物。這些代謝物能減少大腸癌前驅物、調整營養物質的代謝反應、調節荷爾蒙分泌、改善生心理健康。實際上，它被視為膳食纖維的一種。

## 表 12　依消化難易度分類的澱粉

| 種類 | 消化時間 | 存在食物 | 每公克提供熱量 |
|---|---|---|---|
| 快速消化澱粉（RDS） | 約20分鐘 | 以濕熱處理的澱粉類食物，如麵包、麵條、白米飯，蒸或煮熟的地瓜。 | 4 |
| 慢速消化澱粉（SDS） | 約100分鐘 | 較不易消化的全穀根莖類食物。如：綠豆、紅豆。 | 4 |
| 抗性澱粉（RS） | 120分鐘以上 | 存在於各式天然食物中。直鏈澱粉含量高者，如玉米；或澱粉顆粒較大者且含量高，如生地瓜，以及煮熟後再冰的地瓜。 | 2.8 |

## 表 13　依來源分類的抗性澱粉

| 類型 | 說明 | 食物來源 | 影響抗性澱粉減少因素 |
|---|---|---|---|
| RS1 | 物理上不可接觸的澱粉：因被食物的外層結構保護。 | 全穀物和種子，如小米、蕎麥、高粱。 | 加工和研磨食物。 |
| RS2 | 原生質的抗性澱粉顆粒：自然存在於某些食材中。 | 未熟的香蕉和馬鈴薯。 | 食物熟化（如香蕉熟化）和加熱。 |
| RS3 | 復性澱粉：煮熟後冷卻的澱粉會形成這種結構。 | 冷的馬鈴薯沙拉或冷的熟米飯。 | 重新加熱食物。 |
| RS4 | 化學修改的抗性澱粉（修飾澱粉）：透過特定的化學方法製造。 | 添加修飾澱粉製造出來的麵包、蛋糕等。 | 不容易受到外部烹調或其他因素的影響。 |

抗性澱粉雖具有多重健康益處，但食用的總量和烹調方式仍須特別留意：

## 控制攝取量

- 抗性澱粉雖然被認為是難消化的澱粉，但它仍然是一種碳水化合物。因此，攝取過多的抗性澱粉，可能會導致碳水化合物的總攝取量超出建議範圍。

- 對於想要控制碳水化合物攝取量的人，例如糖尿病患者或低碳飲食者，攝取過多的抗性澱粉也可能會影響血糖的穩定。

## 選擇富含抗性澱粉的全穀和根莖類食物

- 地瓜：不僅營養豐富，更是抗性澱粉的好來源。可以蒸、烤或做成湯。
- 糙米：相較於白米，糙米含有更多的抗性澱粉和纖維。可用於各種料理。
- 豆類：如黑豆、鷹嘴豆和紅豆，都是抗性澱粉的良好來源，適合煮成湯或加入沙拉。
- 全穀粒麵包：選擇各種含有全穀粒的麵包，不僅口感佳，還能提供豐富的抗性澱粉。

## 烹調注意事項

為了最大化抗性澱粉的效益並減緩血糖的上升速度，在烹調和攝取抗性澱粉時，需要考慮以下要點：

- 烹調方法：避免使用過多的水，因為會影響澱粉的糊化程度；減少長時間的煮燉。久煮或久燉會使抗性澱粉變得更容易消化。
- 加熱的時間：不宜加熱過久，以保持食物中的抗性澱粉含量。
- 冷卻後食用：抗性澱粉含量會在食物冷卻後增加，有助於血糖穩定；即使冷卻後的食物再次加熱，大部分抗性澱粉仍會保留。因此，煮熟後讓食物冷卻再食用是一種提升抗性澱粉含量的方法。
- 均衡攝取：雖然抗性澱粉對健康有益，但也要確保其他營養成分的均衡攝取，如蛋白質、脂肪和其他維生素和礦物質。

# 常用調味品

　　在實行4+2R代謝飲食法的過程中，必須更仔細挑選適用的調味品。為了確保飲食品質，這裡列出了一些必須遵循的選購原則，並提供一些符合這些原則的調味品作為參考。

　　選購調味品時，必須遵循以下的基本原則：

無糖：選購不含有糖分或其他甜味劑的產品。

無油：不含任何油脂及堅果種子等。（因食物本身所占脂肪比例已不低）

無添加物：不含味素、色素或其他化學添加物的調味品。

成分簡單：選擇成分簡單且無多餘化學成分的產品。仔細查看調味品的成分標籤，瞭解其製作過程和所有成分。

注意產品鈉離子含量：目前台灣並未對「高鈉食物」有明確的定義，僅在「市售包裝食品營養標示規範」中建議：每100公克產品的鈉含量低於5毫克，可標示「不含鈉」；每100公克產品的鈉含量低於120毫克，可標示「低鈉」。

### 允兒醫師的小叮嚀

接下來介紹的各類產品多半廣受消費者好評，一般商店都可以買得到，且符合「無糖、無油、無添加物」等原則。請注意，列出的品項只是選購參考，並不代表是唯一或最好的選擇。讀者應依照上述的選購原則，細心閱讀成分標籤，並依據自身的健康需求和口味偏好，來選擇最適合自己的產品。

## 🍴 鹽

鹽是料理時最基本的調味品，市面上有許多種類的鹽，每一種都有其獨特的風味和用途。在選擇鹽時，要根據自己的需求來選擇。若你沒有甲狀腺的問題，可以考慮選擇「含碘鹽」或「氟碘鹽」。除此之外，不妨試試各種類的鹽來體驗不同的風味，讓料理的層次也更豐富。

表 14　鹽的種類

| 種類 | 品名 |
| --- | --- |
| 湖鹽 | 死海湖鹽 |
| 海鹽 | 法國鹽之花、地中海海鹽、日曬鹽 |
| 井鹽 | 四川井鹽 |
| 岩鹽 | 喜馬拉雅山岩鹽、印加秘魯岩鹽 |
| 特殊鹽 | 竹鹽、藻鹽、黑鹽、死海煙燻海鹽 |

【特別說明】
① 鹽之花（Fleur de sel），被譽為「鹽中的魚子醬」，因其風味層次豐富，只需少量即可提升菜餚味道。不宜加熱烹煮，適用於撒在沙拉、牛排或菇類等上面，為菜餚增添獨特風味。
② 市面上常見的日曬鹽製品有：減鈉含碘鹽、無碘鹽、含碘鹽、氟碘鹽等。

### 鹽的攝取量

另一個要特別注意的是鹽的攝取量。首先我們必須先知道：1克的鹽等於400毫克的鈉，這是計算每日鈉攝取量的重要轉換係數。關於鈉的攝取量應該訂在多少，一直都是熱門議題。根據統計，全球每人每天所攝取的鹽平均量已達10.8克，已超出世界衛生組織（WHO）建議攝入量的兩倍。

值得注意的是，目前僅有極少數的國家實施了有效的減鈉政策，而大多數國家尚未針對此議題採取措施。WHO指出，要想在2025年實現減少30%鈉攝取量的目標，仍須進一步的努力。因此，WHO呼籲全球各地政府和食品製造商共同參與，確立策略並執行，減少鈉的攝取。

目前已證實攝取過多的鈉會增加心臟疾病和中風的風險，甚至可能讓人提前結束生命。因此，成人每日鈉總攝取量不要超過2000毫克（即食鹽5公克），大約等同一茶匙。2～15歲的孩子，鹽的攝取量應較成人的少，且應

根據年齡和能量需求做適當調整。但對於仍單獨以母乳餵養的嬰兒，這項建議並不適用。

### 4+2R代謝飲食法的鈉攝取量

對於實行4+2R代謝飲食法的人，高蛋白營養素中的鈉離子是一項不可忽視的成分。假如每天的蛋白營養素補充總量為60克（早餐及下午茶），就已經攝取了486毫克的鈉。以成人每日的鈉攝取建議量2000毫克來算，扣除高蛋白營養素的486毫克後，午、晚餐剩餘的鈉含量應控制在剩餘的1514毫克內，平均每餐約757毫克鈉。過多的鈉會使體內水分滯留，導致體重短暫增加和產生浮腫感。因此，午、晚餐調味時，應留意鹽或其他調味料的使用量，避免超出建議攝取值。

##  無糖無添加醬油

在4+2R飲食中，選擇合適的醬油非常重要，市面上大多數的醬油為了風味，會加入各式各樣的添加物，建議選擇無糖且無添加物的醬油。

| 產品圖 | 成分 | 注意事項 |
|---|---|---|
| | 水、黃豆或黑豆、鹽、小麥（沒有會更好） | 注意內容物名稱不要有蔗糖、ＸＸ萃取物、酒精、玉米糖膠、調味劑、味醂、高果糖糖漿等添加物，並注意鈉含量。 |

## 無糖無添加番茄糊

　　與「番茄醬」完全不同，番茄糊是用新鮮番茄濃縮而成，沒有添加糖，可以省去自己清洗熬煮的過程。

| 產品圖 | 成分 | 注意事項 |
|---|---|---|
|  | 番茄 | 一般市售番茄醬除番茄外，還包含糖、醋、鹽等各種調味料和香料。可能還有防腐劑和增稠劑，以延長保質期並提供特定的口感，不建議使用。 |

## 芥末醬

| 產品圖 | 成分 | 注意事項 |
|---|---|---|
|  | 蒸餾醋、水、一級芥末籽、鹽、薑黃（鬱金）、紅椒粉、辣椒、天然香料、大蒜粉 | 請選擇無添加芥末醬，成分簡單，不含糖、人工色素。 |

## 紅椒汁

| 產品圖 | 成分 | 注意事項 |
|---|---|---|
|  | 醋、紅椒、鹽 | 一般市售辣椒醬成分常含有過高的鈉，亦可能含油且添加色素和防腐劑以增加賣相及保存時間。 |

##  無糖無添加蘋果醋

純粹由蘋果發酵製成，不含額外的糖分、人工色素或其他添加物。

| 產品圖 | 成分 | 注意事項 |
|---|---|---|
|  | 蘋果醋、水 | 一般市售果醋除了含有蘋果醋酸外，可能還添加了糖分、色素、香料和防腐劑等。 |

##  無糖無添加白醋

| 產品圖 | 成分 | 注意事項 |
|---|---|---|
| | 水、100%穀物（米或糙米等） | 一般市售白醋常含有果糖、酒精等，因此在選購時需要留意這些添加物。 |

## 無糖無添加黑醋

| 產品圖 | 成分 | 注意事項 |
|---|---|---|
| | 水、糙米、麴菌、胡蘿蔔、芹菜、丁香、肉桂、八角、小茴香、胡椒 | 一般市售烏醋含有焦糖色素、濃縮果汁、轉化液糖（蔗糖、水）、甘蔗糖蜜等，選購時要注意。 |

##  雙 L 益菌糖

　　L-阿拉伯糖是一種不會被人體小腸吸收的無碳，因此不會導致血糖波動或脂肪積累。與其他類型的糖不同，它不是作為甜味劑的替代品。L-阿拉伯糖對腸道微生物有正面影響，雖然它能抑制蔗糖酶，減少蔗糖的熱量吸收（但對澱粉或果糖無效），但其食用目的並非取代蔗糖。它也適合那些不喜歡甜食的人食用。L阿拉伯糖和腸道菌的互動有關，會讓腸泌素相關好菌的數量增加，這與它不被小腸吸收、直接進入大腸作為益生元的特性有關。

| 產品圖 | 成分 | 注意事項 |
|---|---|---|
| | L-阿拉伯糖、益允胺、益生菌發酵粉、長雙歧桿菌UPP-03 | 市售阿拉伯糖因常見產地和萃取純度等相關優劣問題，故不建議選擇。 |

##  味噌

　　依其使用的麴菌有所不同，可分為米味噌、豆味噌和麥味噌。選擇味噌時，建議優先選擇由純黃豆或黑豆製成的豆味噌，且不含糖和酒精。

| 產品圖 | 成分 | 注意事項 |
|---|---|---|
| | 大豆、食鹽 | 味噌鈉含量高，建議每餐使用量為5克，最多不要超過10克，且若使用量多達10克，該餐則不建議再額外加鹽調味。<br>【特別說明】若造成卡重情形則應暫停使用 |

允兒醫師的小叮嚀

購買所有產品時，一定要注意看成分表。如果有很多看不懂的食品添加物，建議就不要選購！例如，以下成分表中紅色框起的部分，就是你應該要注意的成分。

**【產品A】**

品名：○○醋

成分：水、米 食用酒精、果糖

酸度：4.5%以上

重量：5公升

產地：台灣

保存期限：3年

**【產品B】**

**成分：**水、釀造醋 糖 、鹽、洋蔥、 濃縮柳橙汁 、 番茄糊、胡蘿蔔汁 、大茴、小茴、芹菜籽

**食品添加物：**焦糖色素（第一類）、香料

**【產品C】**

**成分：** 果糖 、釀造醋、 特砂 、水、鹽

**食品添加物：** 調味劑-L-麩酸鈉、裕味寶A（植物蛋白水解、L-麩酸鈉、L-天門冬酸鈉、DL-胺基丙酸、胺基乙酸、氯化鈉、5′-次黃嘌呤核苷磷酸二鈉、5′-鳥嘌呤核苷磷酸二鈉）

##  無糖無添加竹鹽蔬果調味粉

這是一種從蔬菜中直接萃取的調味劑，跟一般「味素」是截然不同的產品。

| 產品圖 | 成分 | 注意事項 |
|---|---|---|
|  | 鹽、蔬菜萃取物 | 請注意：成分含糖、乳糖的產品不要選。營養成分標示中，每1克的碳水化合物含量不要超過0.5克及每1克鈉含量不要超過200毫克。 |

## 新鮮天然辛香料

在烹調過程中，可多使用新鮮的蔥、薑、蒜、辣椒等辛香料，同時也能減少鹽的用量。這是因為這些香料本身就具有強烈的味道，可為食材增添香氣，同時還含有許多有益健康的營養成分。因此在日常烹飪中，透過使用新鮮的天然辛香料，讓菜餚無論在口味上、香氣上、營養上都能有最好的發揮，不需要額外添加太多人工的調味料，反而失去食材的原味。

常用的新鮮天然辛香料，如青蔥、蒜頭、蒜苗、薑、九層塔、芫荽（香菜）、紅辣椒、茴香（蒔蘿）、巴西里、香椿、香茅、百里香和迷迭香等，都是能讓料理更別具風味的最佳小幫手！

# 乾燥天然香料

　　乾燥天然香料同樣能為各種菜餚注入豐富的風味和香氣，在取得與保存上也比較方便。特別要注意的是，開封後的香辛料，其風味和香氣極易因環境變化而受到影響，最理想的方式為冷藏。若存放方式不當，可能會導致香料變色、結塊，甚至發霉或遭受蟲害。若有此情況出現，則不適合繼續使用，以免對健康產生影響。

　　在選購香辛料時，「不含任何添加物」同樣是很重要的挑選原則。表15中列出了市場上很受歡迎且容易購買的三大乾燥香料品牌，分別是：小磨坊、味好美和新光洋菜，提供讀者參考。每個品牌皆有眾多產品，其中有些完全符合4+2R代謝飲食法原則。也就是說，這些產品不僅成分單純，且不含任何添加物。當你在琳瑯滿目的貨架前選購時，請多花一點時間詳細檢查產品標籤，選擇符合需求的產品，聰明購物。

| 表15 | 4+2R代謝飲食法可用的乾燥天然香料 | |
|---|---|---|
| 品牌 | 產品名稱 | 內容物成分 |
| 小磨坊 | 純白胡椒粉 | 白胡椒粒【純素】 |
| | 咖哩粉 | 胡荽、薑黃、湖鹽、馬芹子、葫蘆巴、薑母、葛縷子、肉桂、黑胡椒、丁香、辣椒、月桂葉、小茴香【純素】 |
| | 香純五香粉 | 肉桂、小茴香、胡荽、丁香、八角、香芹【純素】 |
| | 香辣紅辣椒 | 辣椒【純素】 |
| | 七味唐辛子 | 辣椒、白芝麻、黑芝麻、羅勒葉、花椒【純素】<br>※本產品含芝麻類 |
| | 純黑胡椒粗粒 | 黑胡椒粒【純素】 |
| | 清香黑胡椒粉 | 黑胡椒、烏龍茶、綠辣椒【純素】 |
| | 濃厚肉桂粉 | 肉桂、甘草【純素】 |
| | 精選羅勒葉 | 羅勒葉【純素】 |
| | 精選迷迭香葉 | 迷迭香葉【純素】 |
| | 綜合義大利香草 | 奧勒岡葉、羅勒葉、迷迭香葉、蒜粒、辣椒、馬郁蘭葉、洋香菜葉【植物五辛素】 |
| | 精選香蒜粒 | 蒜頭【植物五辛素】 |
| | 匈牙利紅椒 | 匈牙利紅椒【純素】 |
| | 純薑黃粉 | 薑黃【純素】 |
| | 黑胡椒原粒 | 黑胡椒粒【純素】 |
| | 冷研粗黑胡椒粒 | 黑胡椒粒【純素】 |
| | 冷研白胡椒粉 | 白胡椒粒【純素】 |
| | 凍頂黑胡椒粉 | 黑胡椒、烏龍茶、綠辣椒【純素】 |
| | 香麻花椒粉 | 花椒粒【純素】 |
| | 日式唐辛子 | 辣椒、白芝麻、黑芝麻、羅勒葉、花椒【純素】<br>※本產品含芝麻類 |
| | 紅辣椒粉 | 辣椒【純素】 |
| | 印度咖哩粉 | 胡荽、薑黃、薑母、馬芹子、小荳蔻、葛縷子、葫蘆巴、蒜粉、黑胡椒、肉桂、丁香、辣椒、荳蔻、小茴香、月桂葉【植物五辛素】 |
| | 濃香五香粉 | 肉桂、小茴香、胡荽、丁香、八角、香芹【純素】 |

| 營養成分（每公克） | | | | | | | | 產地 |
|---|---|---|---|---|---|---|---|---|
| 熱量（卡） | 蛋白質（克） | 脂肪（克） | 飽和脂肪（克） | 反式脂肪（克） | 碳水化合物（克） | 糖（克） | 鈉（毫克） | |
| 3.4 | 0 | 0.01 | 0 | 0 | 0.8 | 0 | 1 | 台灣 |
| 3.6 | 0.1 | 0.1 | 0.01 | 0 | 0.5 | 0 | 39 | 台灣 |
| 3.9 | 0.1 | 0.1 | 0.01 | 0 | 0.7 | 0 | 1 | 台灣 |
| 4.2 | 0.2 | 0.1 | 0.02 | 0 | 0.6 | 0 | 0 | 中國 |
| 4.6 | 0.2 | 0.2 | 0.04 | 0 | 0.5 | 0 | 0 | 台灣 |
| 3.8 | 0.1 | 0.1 | 0.01 | 0 | 0.7 | 0 | 0 | 台灣 |
| 3.8 | 0.1 | 0.1 | 0.01 | 0 | 0.7 | 0 | 0 | 台灣 |
| 3.5 | 0 | 0.01 | 0 | 0 | 0.8 | 0 | 0 | 台灣 |
| 3.4 | 0.1 | 0 | 0 | 0 | 0.6 | 0 | 0 | 原產地：埃及／分裝地：台灣 |
| 3.8 | 0.1 | 0.1 | 0.1 | 0 | 0.6 | 0 | 1 | 原產地：摩洛哥／分裝地：台灣 |
| 3.7 | 0.1 | 0.1 | 0.02 | 0 | 0.6 | 0 | 0 | 台灣 |
| 3.6 | 0.2 | 0 | 0 | 0 | 0.7 | 0 | 1 | 原產地：印度／加工地：台灣 |
| 4 | 0.2 | 0.1 | 0 | 0 | 0.6 | 0 | 0 | 原產地：西班牙／分裝地：台灣 |
| 3.4 | 0.1 | 0.03 | 0.02 | 0 | 0.7 | 0 | 0 | 原產地：印度／分裝地：台灣 |
| 3.8 | 0.1 | 0.1 | 0.01 | 0 | 0.7 | 0 | 0 | 原產地：越南／分裝地：台灣 |
| 3.8 | 0.1 | 0.1 | 0.01 | 0 | 0.7 | 0 | 0 | 台灣 |
| 3.4 | 0 | 0 | 0 | 0 | 0.8 | 0 | 1 | 台灣 |
| 3.8 | 0.1 | 0.1 | 0.01 | 0 | 0.7 | 0 | 0 | 台灣 |
| 3.7 | 0.1 | 0.1 | 0.02 | 0 | 0.6 | 0 | 6 | 台灣 |
| 4.6 | 0.2 | 0.2 | 0.04 | 0 | 0.5 | 0 | 0 | 台灣 |
| 4.2 | 0.2 | 0.1 | 0 | 0 | 0.6 | 0 | 0 | 原產地：中國／分裝地：台灣 |
| 4.1 | 0.1 | 0.1 | 0.02 | 0 | 0.6 | 0 | 1 | 台灣 |
| 3.9 | 0.1 | 0.1 | 0.01 | 0 | 0.7 | 0 | 1 | 台灣 |

| 品牌 | 產品名稱 | 內容物成分 |
|---|---|---|
| 小磨坊 研磨罐 | 百搭香草 | 鹽、黑胡椒粒、紅辣椒、小茴香子、胡荽粒、葛縷子、迷迭香葉、百里香葉、奧勒岡葉【純素】 |
| | 鮮磨白胡椒 | 白胡椒粒【純素】 |
| 味好美 | 自磨式七彩胡椒粒 | 黑胡椒、胡荽、粉紅胡椒粒、白胡椒粒、眾香子、綠胡椒粒 |
| | 自磨式義大利式香料 | 迷迭香葉、黑胡椒、辣椒、蒜、洋蔥、海鹽、番茄、巴西里香芹 |
| | 自磨式黑胡椒粒 | 黑胡椒粒 |
| 味好美單方香辛料 | 月桂葉 | 月桂葉 |
| | 洋蔥粉 | 洋蔥 |
| | 研磨式白胡椒粉 | 白胡椒粉 |
| | 研磨式黑胡椒粉 | 純黑胡椒 |
| | 羅勒葉（西洋九層塔） | 羅勒葉 |
| | 肉桂棒 | 肉桂 |
| | 胡荽葉 | 胡荽葉 |
| | 薑黃粉 | 薑黃 |
| | 迷迭香葉 | 迷迭香 |
| | 肉桂粉 | 純桂皮 |
| 味好美複方辛香辛料 | 義大利式香料 | 迷迭香葉、黑胡椒、辣椒、蒜、洋蔥、海鹽、番茄、巴西里香芹 |
| | 蒙特婁牛排香草香料 | 粗鹽、黑胡椒、紅辣椒、大蒜、洋蔥、葵花油、天然香料、紅椒萃取物 |
| 新光洋菜-中式香辛料 | 十三香 | 肉桂、八角、花椒、丁香、甘草、胡椒、荳蔻、三奈、乾薑、小茴、孜然、胡荽子、沙仁 |
| | 七味唐辛子 | 紅辣椒、乾橘粉、芝麻、乾紫菜片、花椒、麻仁、芥末籽 |
| | 白胡椒原粒 | 純高山白胡椒原粒 |
| | 辣椒粉 | 朝天椒 |
| | 黑胡椒粉 | 高山黑胡椒粒 |
| | 100%白胡椒粉 | 高山白胡椒粒 |
| | 純肉桂粉 | 肉桂 |

| 營養成分（每公克） | | | | | | | | 產地 |
|---|---|---|---|---|---|---|---|---|
| 熱量（卡） | 蛋白質（克） | 脂肪（克） | 飽和脂肪（克） | 反式脂肪（克） | 碳水化合物（克） | 糖（克） | 鈉（毫克） | |
| 2.8 | 0.1 | 0.1 | 0.01 | 0 | 0.7 | 0 | 0 | 台灣 |
| 3.4 | 0.1 | 0.1 | 0.01 | 0 | 0.7 | 0 | 0 | 原產地：印尼／分裝地：台灣 |
| 3.6 | 0.1 | 0.1 | 0.01 | 0 | 0.6 | 0 | 1 | 法國 |
| 3.7 | 0.1 | 0.1 | 0.02 | 0 | 0.7 | 0.03 | 0 | 美國 |
| 3.3 | 0.1 | 0 | 0 | 0 | 0.6 | 0 | 0 | 美國 |
| 4.1 | 0.1 | 0.1 | 0 | 0 | 0.8 | 0 | 0 | 土耳其 |
| 3.67 | 1 | 0.1 | 0.02 | 0 | 7.9 | 0.7 | 7 | 美國 |
| 3.4 | 0.1 | 0 | 0 | 0 | 0.7 | 0 | 0 | 美國 |
| 3.3 | 0.1 | 0 | 0 | 0 | 0.6 | 0 | 0.4 | 巴西 |
| 3.2 | 0.2 | 0.04 | 0.02 | 0 | 0.5 | 0 | 1 | 埃及 |
| 3.5 | 0.04 | 0.01 | 0.003 | 0 | 0.8 | 0.02 | 0 | 印尼 |
| 3.8 | 0.1 | 0.1 | 0.03 | 0 | 0.6 | 0.003 | 0 | 印度 |
| 3.8 | 0.1 | 0.1 | 0.03 | 0 | 0.6 | 0.03 | 0 | 印度 |
| 3.8 | 0.04 | 0.16 | 0 | 0 | 0.64 | 0 | 0.6 | 摩洛哥 |
| 3.5 | 0.04 | 0.01 | 0 | 0 | 0.8 | 0.02 | 0 | 印度 |
| 3.7 | 0.1 | 0.1 | 0.02 | 0 | 0.7 | 0.03 | 0 | 美國 |
| 2 | 0.2 | 0.04 | 0.006 | 0.008 | 0.3 | 0 | 203 | 美國 |
| 3.8 | 0.1 | 0 | 0 | 0 | 0.6 | 0 | 0.6 | 台灣 |
| 3.7 | 0.2 | 0.1 | 0.02 | 0 | 0.5 | 0.02 | 3 | 台灣 |
| 4 | 0.1 | 0.1 | 0 | 0 | 0.7 | 0 | 0 | 印尼 |
| 3.8 | 0.2 | 0.1 | 0 | 0 | 0.6 | 0 | 0 | 中國 |
| 3.7 | 0.1 | 0.1 | 0 | 0 | 0.6 | 0 | 0 | 印尼 |
| 4 | 0.1 | 0.1 | 0 | 0 | 0.7 | 0 | 0 | 印尼 |
| 3.6 | 0.02 | 0.03 | 0 | 0 | 0.8 | 0 | 0 | 越南 |

| 品牌 | 產品名稱 | 內容物成分 |
|---|---|---|
| 新光洋菜－中式香辛料 | 肉桂棒 | 肉桂棒 |
| | 黑胡椒粗粒 | 高山黑胡椒粒 |
| | 純五香粉 | 胡荽子、小茴香、八角、肉桂、丁香、花椒、甘草 |
| | 黃芥末粉 | 黃芥末子 |
| | 黑胡椒原粒 | 純高山黑胡椒原粒 |
| | 百草粉 | 小茴、草菓、川芎、肉桂、胡荽子、三奈、花椒、良薑、孜然、胡椒、荳蔻、桂子、丁香 |
| | 香蒜粒 | 蒜頭 |
| | 薑黃粉 | 薑黃 |
| | 八角粉 | 八角 |
| 新光洋菜－西式香辛料 | 卡宴辣椒粉 | 卡宴辣椒 |
| | 匈牙利紅椒粉 | 匈牙利紅椒 |
| | 印度咖哩粉 | 薑黃、胡荽子、小茴、丁香、荳蔻、胡椒、月桂葉、肉桂 |
| | 月桂葉 | 月桂葉 |
| | 洋香菜葉 | 洋香菜葉 |
| | 奧勒岡葉 | 奧勒岡葉 |
| | 義大利香料 | 百里香、奧勒岡、迷迭香、羅勒 |
| | 墨西哥香料 | 紅椒粉、鹽、小茴香、洋蔥粉、香蒜粉、丁香、奧勒岡葉 |
| | 迷迭香葉 | 迷迭香葉 |
| | 牛排香料 | 海鹽、黑胡椒、香蒜、奧勒岡、迷迭香、胡荽子、洋蔥粉、小茴、辣椒 |
| | 小茴香粒 | 小茴香粒 |
| | 丁香粉 | 丁香粉 |
| | 羅勒葉 | 羅勒葉 |
| | 百里香葉 | 百里香葉 |

【特別說明】若使用的調味香料鈉含量較高，建議該餐的料理就不另外加鹽。

| 營養成分（每公克） | | | | | | | | 產地 |
|---|---|---|---|---|---|---|---|---|
| 熱量（卡） | 蛋白質（克） | 脂肪（克） | 飽和脂肪（克） | 反式脂肪（克） | 碳水化合物（克） | 糖（克） | 鈉（毫克） | |
| 3.6 | 0.02 | 0.03 | 0 | 0 | 0.8 | 0 | 0 | 越南 |
| 3.7 | 0.1 | 0.1 | 0 | 0 | 0.6 | 0 | 0 | 印尼 |
| 3.9 | 0.1 | 0.1 | 0 | 0 | 0.7 | 0 | 1 | 台灣 |
| 0.04 | 0 | 0 | 0 | 0 | 0 | 0 | 0.6 | 俄羅斯 |
| 3.7 | 0.1 | 0.1 | 0 | 0 | 0.6 | 0.6 | 0 | 印尼 |
| 3.8 | 0.1 | 0.1 | 0.01 | 0 | 0.7 | 0.02 | 1 | 台灣 |
| 3.7 | 0.1 | 0 | 0 | 0 | 0.8 | 0.03 | 1 | 台灣 |
| 3.5 | 0 | 0 | 0 | 0 | 0.8 | 0 | 0 | 印度 |
| 3.4 | 0.1 | 0 | 0 | 0 | 0.7 | 0 | 0 | 越南 |
| 3.1 | 0.1 | 0.1 | 0 | 0 | 0.5 | 0.1 | 0.3 | 台灣 |
| 3.7 | 0.2 | 0.1 | 0.02 | 0 | 0.5 | 0.02 | 3 | 西班牙 |
| 4 | 0.1 | 0.1 | 0.0111 | 0 | 0.6 | 0.03 | 2 | 台灣 |
| 3.7 | 0.1 | 0.04 | 0 | 0 | 0.7 | 0.04 | 0 | 土耳其 |
| 3.5 | 0.2 | 0.01 | 0 | 0 | 0.6 | 0.2 | 2 | 波蘭 |
| 3.5 | 0.1 | 0.03 | 0 | 0 | 0.7 | 0.1 | 0 | 土耳其 |
| 3.5 | 0.1 | 0.04 | 0 | 0 | 0.7 | 0.04 | 0 | 台灣 |
| 3.4 | 0.1 | 0.1 | 0 | 0 | 0.5 | 0.1 | 8 | 台灣 |
| 3.7 | 0.1 | 0.1 | 0 | 0 | 0.7 | 0.02 | 0 | 摩洛哥 |
| 2 | 0.1 | 0.03 | 0 | 0 | 0.4 | 0 | 172 | 台灣 |
| 3.2 | 0.1 | 0 | 0 | 0 | 0.6 | 0 | 4 | 中國 |
| 3.2 | 0.1 | 0.1 | 0 | 0 | 0.6 | 0.02 | 2 | 印尼 |
| 3.1 | 0.2 | 0.02 | 0 | 0 | 0.5 | 0.03 | 1 | 埃及 |
| 3.4 | 0.1 | 0 | 0 | 0 | 0.7 | 0 | 0 | 摩洛哥 |

# 挑選優質食品的訣竅

當你決定選擇採用健康的飲食法，不僅要學會選擇正確的食物，更需要了解食物背後的「食品標示」和「營養標示」，確保過程中能夠選擇最健康、最適合的食材。

## 食品標示 vs 營養標示

依據《食品安全衛生管理法》第22條規定，食品標示指的是食品及食品原料之容器或外包裝，應以中文及通用符號明顯標示下列事項：

①品名。

②內容物名稱。若為兩種以上混合物時，應依照含量多寡由高至低分別標示。

③淨重、容量或數量。

④食品添加物名稱。若混合兩種以上食品添加物，以功能性命名者，應分別標明添加物名稱。

⑤製造廠商或台灣的負責廠商名稱、電話及地址。通過農產品生產驗證者，應標示可追溯之來源；有中央農業主管機關公告之生產系統者，應標示生產系統。

⑥原產地（國）。

⑦有效日期。

⑧營養標示。

⑨含基因改造食品原料。

⑩其他經中央主管機關公告之事項。

　　食品標示中的「成分」標示，是從含量最多到最少，提供消費者了解產品的主要組成。舉例來說，當你選購一罐麥片時，如果首先列出的成分是「糖」，再接著是「全麥」，這意味著該產品主要是由糖構成的，而非全麥。

　　許多人在選購食品時，可能因為成分的名稱太過專業或拗口而被困惑或看不懂。這些化學名稱，尤其那些不熟悉的，很有可能就是各種食品添加物，例如防腐劑、穩定劑、色素等。

　　雖然這些食品添加物大多是經過核准的安全用量，但過量或長時間的攝取，仍可能對健康造成潛在風險。所以在選購任何產品時，留意成分標示能幫助我們了解該產品的真正成分，以做出更健康、更明智的選擇。

　　營養標示是食品標示的其中一部分，依據包裝食品營養標示應遵行的事項：包裝食品的營養標示，須於包裝容器外表之明顯處，並以表格方式分為兩種標示方法如下：

表 16　食品包裝營養標示格式

| 營養標示 | | |
|---|---|---|
| 每一分量　毫升（或公克） | | |
| 本包裝含　份 | | |
| | 每份 | 每100毫升（或公克） |
| 熱量 | 大卡 | 大卡% |
| 蛋白質 | 公克 | 公克 |
| 脂肪 | 公克 | 公克 |
| 　飽和脂肪 | 公克 | 公克 |
| 　反式脂肪 | 公克 | 公克 |
| 碳水化合物 | 公克 | 公克 |
| 　糖 | 公克 | 公克 |
| 鈉 | 毫克 | 毫克 |
| 宣稱之營養素含量 | 公克／毫克／微克 | 公克／毫克／微克 |
| 其他營樣素含量 | 公克／毫克／微克 | 公克／毫克／微克 |

| 營養標示 | | |
|---|---|---|
| 每一分量　毫升（或公克） | | |
| 本包裝含　份 | | |
| | 每份 | 每日參考值百分比 |
| 熱量 | 大卡 | % |
| 蛋白質 | 公克 | % |
| 脂肪 | 公克 | % |
| 　飽和脂肪 | 公克 | % |
| 　反式脂肪 | 公克 | % |
| 碳水化合物 | 公克 | % |
| 　糖 | 公克 | % |
| 鈉 | 毫克 | % |
| 宣稱之營養素含量 | 公克／毫克／微克 | %／＊ |
| 其他營樣素含量 | 公克／毫克／微克 | %／＊ |

＊資料來源：衛生福利部食品藥物管理署

#  標示每 100 公克（毫升）

當你想要快速比較兩種產品的營養成分時，可以直接從每100公克欄內的數字作比較。

**產品A**

| 營養標示 | | |
|---|---|---|
| 每一分量 | 50公克 | |
| 本包裝含 | 4份 | |
| | 每份 | 每100公克 |
| 熱量 | 176.6大卡 | 353.2大卡 |
| 蛋白質 | 3.8公克 | 7.6公克 |
| 脂肪 | 0.8公克 | 1.6公克 |
| 　飽和脂肪 | 0公克 | 0公克 |
| 　不飽和脂肪 | 0公克 | 0公克 |
| 碳水化合物 | 38.2公克 | 77.1公克 |
| 　糖 | 0.1公克 | 0.2公克 |
| 膳食纖維 | 2.1公克 | 4.2公克 |
| 鈉 | 1毫克 | 2毫克 |

**產品B**

| 營養標示 | | |
|---|---|---|
| 每一分量 | 75公克 | |
| 本包裝含 | 5份 | |
| | 每份 | 每100公克 |
| 熱量 | 263大卡 | 351大卡 |
| 蛋白質 | 0.8公克 | 1.07公克 |
| 脂肪 | 0公克 | 0公克 |
| 　飽和脂肪 | 0公克 | 0公克 |
| 　不飽和脂肪 | 0公克 | 0公克 |
| 碳水化合物 | 53.6公克 | 71.5公克 |
| 　糖 | 2.3公克 | 3.07公克 |
| 膳食纖維 | 1公克 | 1.33公克 |
| 鈉 | 674毫克 | 899毫克 |

## 標示每日營養參考值（百分比）

以每日攝取2000大卡為參考標示營養的占比，圖中百分比標示是「每份」含量。如果吃了整包，就要將所有數值乘以「2份」。

| 營養標示 | | |
|---|---|---|
| 每一分量 | 26公克 | |
| 本包裝含 | 2份 | |
| | 每份 | 每日參考值百分比 |
| 熱量 | 131.6大卡 | 6.6% |
| 蛋白質 | 0.6公克 | 1% |
| 脂肪 | 6.5公克 | 10.9% |
| 　飽和脂肪 | 3.4公克 | 18.8% |
| 　反式脂肪 | 0公克 | ‧ |
| 碳水化合物 | 17.6公克 | 5.9% |
| 　糖 | 2.6公克 | ‧ |
| 鈉 | 224.6毫克 | 11.2% |

## 看懂營養標示四步驟

- 步驟一　確認商品標示的總重量。
- 步驟二　確認營養標示圖上「每一份的重量和每份的營養素」。
- 步驟三　確認「本包裝含有的份數」。
- 步驟四　決定要吃多少的量。

接著，算算你所吃的分量，一共攝取了多少營養素。以市面上常見的盒裝板豆腐的營養標示成分的數值來作例子：

如果吃 3 份：

熱量 =90.6×3=271.8 大卡

蛋白質 =9.8×3=29.4 公克

脂肪 =5×3=15 公克

碳水化合物 =1.6×3=4.8 公克

鈉 =3×3=9 毫克

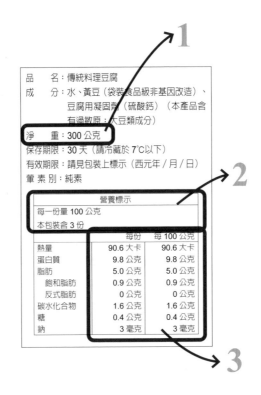

在進行4+2R代謝飲食法的過程中，經常須透過這樣的計算方式來了解每天應該攝取的各種營養素是否達標。

chapter

# 3

## 4+2R 腸道健康飲食

# 食譜篇

# 餐點準備小指南

對於習慣做時間管理的人來說，做好規劃相當重要。哪些食材可以預先準備，哪些在烹飪時才準備，後續的食材如何處理與烹飪，要是能有效率的完成，也就更有可能堅持健康的飲食法。

 ## 可提前預備的食材

有些食材可以提前數天，甚至數週先準備好，然後妥善保存在冷凍庫裡，隨取隨用。

冷凍蔬菜：適合預先冷凍的食材包括根莖類（如白蘿蔔、苦瓜）、不易變色蔬菜（如青花菜、小黃瓜）和辛香料（如洋蔥、薑、蒜）。清洗並切成合適大小後，分裝入矽膠密封袋，儲存於冷凍庫。需要時，可提前解凍食材以保持質地，或直接從冷凍狀態烹調，但後者可能導致食材較軟。

肉類：肉類在購買之後，可按照一餐所需的分量分裝後冷凍保存。使用時，提前解凍即可。（適用於R3之後的飲食）

米飯：煮好的米飯放涼、分裝後冷凍。需要時，取出加熱即可。（適用於R4之後的飲食）

# 需要即時準備的食材

在烹調前的一、兩天購買少量當令或所需的食材,食材的新鮮度跟口感都會比較好,例如新鮮蔬菜或海鮮。

# 半預備食材

有些食材可以先初步處理後放冰箱保存,烹調時再完成剩餘步驟即可。在忙碌的現代生活步調中,這樣的做法可以省下許多備料的時間,也提高自己動手煮的意願。

醃製肉類:肉類可以提前先醃製冷藏或冷凍保存,不僅可以節省備料的時間,也能讓肉類更加入味。

洗淨蔬菜:將蔬菜洗淨、瀝乾後放入保鮮盒或保鮮袋,冷藏保存。

# 食材處理小指南

在烹飪前備料時，正確的食材處理對於確保食品的安全性和風味至關重要。由於很多讀者可能都是第一次下廚，所以我們特別提供關於蔬菜、菇類、肉類和海鮮的處理方法，包括如何清洗、準備和保持食材的品質。希望在知道這些小技巧之後，每位讀者都能更有效地管理和利用食材，從而製作出健康、美味的料理。

 ## 蔬菜處理

正確的蔬果清洗和處理方法，有助於去除農藥殘留，這裡提供最基本的蔬果清洗和處理方法：

- 葉菜類清洗
   ① 去除蔬菜的外葉和蒂頭。
   ② 將蔬菜放入盆中，用流動的水沖掉泥沙。
   ③ 使用清水重複沖洗2～3次。
   ④ 將水龍頭調整到最小水流，持續沖洗蔬菜約12～15分鐘。
   ⑤ 撈起瀝乾。

- 非葉菜類清洗
   ① 去除雜葉。

② 在流動的清水下，用軟毛刷輕輕地刷洗蔬果的表面，特別是蒂頭和其他比較不平整的部分。

③ 將蔬菜放入盆中，並將水龍頭調整到最小水流，持續沖洗約12～15分鐘。（青椒或甜椒等，在切除蒂頭和去籽後，須再用清水洗一次。）

④ 撈起蔬菜瀝乾。

# 菇類處理及清洗

● 菇類清洗

　　許多人對於菇類是否需要清洗感到困惑。事實上，現代的栽培技術，例如太空包栽培法，能在溫度控管的環境下種植並且不用農藥，因此這些菇類基本上是乾淨的，不需要額外清洗。不過，有許多人對於不清洗就直接烹飪會感到不放心。

　　對此，建議在烹飪之前，可參考以下步驟來清洗菇類：

① 使用涼水快速沖洗菇類表面，去除外表雜質。注意：不要浸泡太長時間，否則菇類會吸收水分，影響烹飪後的口感。

② 將洗淨的菇類放在篩網上，瀝掉多餘的水分。

③ 用食品級的廚房紙巾，輕輕地擦拭菇類表面的水分。

● 菇類烹調

　　所有菇類都應充分加熱煮熟再食用。煮熟菇類不僅可消除有毒物質、殺死細菌，同時也有助於消化和營養吸收。

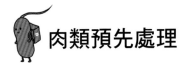

# 肉類預先處理

　　根據美國疾病管制與預防中心（Centers for Disease Control and Prevention, CDC）的建議，生肉通常不需要清洗，因為烹飪過程中的高溫會殺死所有潛在的細菌。沖洗肉類可能會導致細菌飛濺，增加食品交叉污染的風險。

- 雞胸肉
    ① 去皮。
    ② 無須沖洗，直接使用食品級廚房紙巾擦乾表面即可。
    ③ 進行下一步的處理，如切塊、調味或烹飪。

- 雞胸絞肉
    ① 去皮。
    ② 無須沖洗，直接使用食品級廚房紙巾擦乾表面即可。
    ③ 切小塊，放入調理機、使用攪拌棒或以人工方式剁碎。

# 海鮮預先處理

　　針對蝦、鎖管（小卷、中卷、透抽）、蛤蜊烹飪前預先處理步驟建議：

- 蝦
    蝦洗淨瀝乾後，剪掉尖刺和蝦鬚，再用牙籤從蝦背部取出腸泥。

- 鎖管（小卷／小管、中卷／透抽）
  ① 將鎖管頭部與身體分開，移除內臟。
  ② 拔除牙齒，避免食用時受傷。
  ③ 在眼睛上輕劃一刀，擠出眼內液體。
  ④ 抽出身體中的軟骨。
  ⑤ 剝去鎖管表皮，因為皮有腥味。
  ⑥ 清水沖淨。

- 蛤蜊
  ① 將1000毫升水混合均勻20克食鹽，直至鹽溶解。
  ② 將蛤蜊放入鹽水中浸泡約2～3小時，以幫助排出沙子和雜質。
  ③ 取出蛤蜊，用清水澈底沖洗。
  ④ 如果不立即烹飪，可以將已處理的蛤蜊放入塑膠袋中，擠出多餘的空氣，然後密封繞圈束緊，以延長保存時間。
  ⑤ 蛤蜊可以冷藏保存一個星期，或冷凍保存約一個月，但冷凍會影響口感。

# 特殊食材介紹

 洋車前子殼／粉

洋車前子殼（Psyllium husk）是洋車前的種子麩皮，源於印度、伊朗，含有豐富的膳食纖維，有著極高的吸水性。能夠吸收超過40～50倍其自身重量的水分，遇水可膨脹約50倍，形成類似果凍的質地。一般常見應用於沖泡粉、麵包、餅乾、糕點、營養棒、冰淇淋和醬汁等食品應用中。**洋車前子殼每日最高攝食量為10.2克，使用時必須多喝水，幫助排便順暢。**

特別要說明的是，市面上常見的洋車前子殼產品可細分為以下三種與不同用途：

- 洋車前子殼（未磨細）：適合沖泡，中式料理中用來勾芡。
- 洋車前子粉（40細目）：適合沖泡、烘焙。
- 洋車前子粉（80細目）：細如麵粉，多用於烘焙。

 洋菜／寒天

洋菜，又被稱為寒天，是源自紅藻的天然多醣類製品，含豐富的膳食纖維及微量元素如鈣、鎂、鋅等。在食品製造中，洋菜常被用作凝固劑、增稠劑或穩定劑。洋菜的凝固性質經常運用於製作果凍、布丁和其他甜點。

市場上主要提供兩種形式的洋菜：洋菜條和即溶洋菜粉。使用洋菜條時，需要在100℃的熱水中持續攪拌3分鐘以上才能完全溶化，並在冷卻後形

成果凍狀。即溶洋菜粉使用上較為便捷，但購買時須特別小心，建議仔細查看成分表，選擇標示為「單一成分」的產品，確保無添加糖或其他食品添加劑，以避免攝取不必要的食品添加物。選擇「無糖」和「無添加」的產品尤為重要。

洋菜條可當麵條用，也能做涼拌菜；洋菜粉可以取代太白粉來勾芡。

# 酵母薄片（Nutritional Yeast—無麩質，部分翻譯為營養酵母）

酵母薄片（Nutritional Yeast）與啤酒酵母（Brewer's Yeast）完全不同。它不是釀酒過程的副產品，而是蔗糖或甜菜根糖蜜與Saccharomyces cerevisiae真菌發酵後產生的，因此不含麩質。酵母薄片本身就富含B群維生素，而在製造過程中，還會進一步增強這些維生素的含量，並特別添加維生素$B_{12}$，以提升其營養價值。

在台灣因多數廠商還是以啤酒酵母作為統稱，也可以選擇啤酒酵母，但是有特別標註無麩質的商品，或是不含酒精商品。

# 無糖豆漿粉

若外出或不方便購買無糖豆漿時，可自備攜帶方便的無糖豆漿粉。在挑選時，須注意蛋白質與碳水化合物的比值（P/C），因部分豆漿粉的碳水化合物含量較高。另外，選購時應避免含有奶精、香料、動物性脂肪或糊精的產品。

在烘焙的食譜中，豆漿粉也是經常被運用的食材。

# 脫脂堅果粉

　　堅果經壓榨、提取油脂後，會留下一塊油餅；油餅進一步地磨細、過篩之後的細粒粉末即脫脂堅果粉。雖然已去除了大部分的油脂，但這些堅果粉仍保有20%的優質油脂，因此質感濃郁。更重要的是，脫脂堅果粉不僅蛋白質含量高、纖維高，碳水化合物相對比一般未去油的堅果粉來得低。在烘焙或烹飪時，脫脂堅果粉可以和其他粉類混合，或者替代部分油脂較高的粉類，但同樣保有濃郁口感和細緻的質地。

# 元氣滿滿活力茶

成分：黨蔘、黃耆、枸杞、甘草、牛蒡、紅棗

　　帶點甘甜滋味的元氣滿滿活力茶，我在看診時都會泡上一大壺，隨時補充體力，促進新陳代謝。有時候因為太好喝了，還會請同仁再泡第二壺才喝得夠。對我而言，元氣滿滿活力茶也是萬用茶，可以舒緩各種疑難雜症，隨時喝上一杯就覺得很安心。

　　元氣滿滿活力茶包不僅可以泡茶喝，也能用作湯包，為料理增添獨特風味。對於廚房新手來說，是方便又好用的常備高湯。清甜爽口的湯頭，不需要額外添加調味料，省時又省力；喜歡鹹味的，也可以根據個人口味自行添加所需的調味料。

# 氣色美美漂漂茶

成分：洛神、山楂、陳皮、甘草

　　帶點酸味的氣色美美漂漂茶，泡起來的顏色跟紅酒有點像，盛在漂亮的杯子裡，似乎有點品酒的感覺。這也是我在享用美食的時候，習慣搭配的茶飲，不僅能去油解膩，也可以幫助排便，順暢無負擔。

# 心情好好安神茶

成分：浮小麥、甘草、枸杞、洋甘菊、薰衣草

　　喝起來就像徜徉在一片美麗的花海，全身都放鬆了，躁鬱的心也能被平撫。我跟所有媽媽們一樣，育兒總會碰到瓶頸。所以常飲用安神茶來舒緩自己的心情，建議大家都可以試看看；早上飲用可以安撫心情，夜晚飲用能幫助入眠，也可以運用在料理哦。

# 4+2R 食譜：全方位健康烹調

## R1 清除期食譜

R1期間會使用的食材非常單純，就是MNT＋水＋無糖豆漿。至於MNT和無糖豆漿的分量，則需要依據每個人身體組成狀況的不同而調整。

有些人覺得R1非常辛苦，但也有很多人覺得R1非常方便，適合工作忙碌、不想花時間思考要吃什麼。這邊有個訣竅分享給大家：你可以單獨喝豆漿，MNT只加水搖勻後慢慢喝，分成三個小時喝光都可以。只加水的好處是可以放比較久不發臭，慢慢地喝能夠增加飽足感。

R1期間如果覺得口感單調，除了可以使用清口樂和雙L益菌糖以外，唯一可以想辦法變化的就是無糖豆漿。你可以把無糖豆漿做成優格，把原本應該要喝的豆漿量，改為優格的食用分量即可。王醫師特別研發能夠發酵豆漿的菌種——允優格乳酸發酵劑。在接下來的內容中，將介紹如何用電鍋和氣炸烤箱來自製豆乳允優格。

## R2 減脂期食譜

R2開始可以吃固體食物了，豆腐、雞蛋、各式蔬菜都是這個階段可以使用的食材。關於食材及調味料的挑選原則，請參考第二章的詳細內容。

# R3 修復期食譜

　　隨著進入R3修復期，您將發現飲食的多樣性增加了。在這個階段，飲食可以結合豆腐與優質的動物性蛋白質來源，如低脂肉類和海鮮。書中的每一道料理都綜合了營養和口感的雙重考量。

# R4 定點期食譜

　　當我們進入R4定點期，飲食會有新的轉變。在午餐可以增加攝取含有高質量抗性澱粉的食物，不僅能幫助增強肌肉質與量、減少脂肪，更有助於維護腸道健康，為後續的飲食維持期打下良好基礎。

　　R4定點期的食譜，會提供可選擇的飯類和抗性澱粉含量高的食物，以及如何烹煮的建議，並添加滿滿營養的堅果和種子，讓R4階段的飲食能包含所需的各類營養之外，口感上也較先前有明顯的變化。

# R5 記憶期

　　當你已成功達到醫生認定的理想體脂率，也就是我們所說的「畢業」，並正式進入維持期。但其實畢業並不等於永遠吃不胖，其實接下來的半年到一年才是最大的挑戰！在體重維持期，選擇低發炎性的飲食尤為重要。藉由將MNT與多種食材結合，我們可以充分利用植物的營養素以達到加乘效果，例如「綠拿鐵」的食材有蔬果、堅果及優質蛋白，不只富含抗癌和抗炎的植化素，更助於增強免疫力，可當成早餐飲用。

# 醬汁介紹

## R2

### 薑汁醬

**食材** ▶ 薑末10克、醬油5毫升、雙L益菌糖1包、無糖無添加竹鹽蔬果調味粉1克、白開水10毫升

**製作方法** ▶
① 薑洗淨後，磨成泥或切細末。
② 將所有食材全部攪拌混合即完成。

### 蒜蓉辣椒醬

**食材** ▶ 朝天椒30克、蒜100克、鹽3克、甘草粉1克

**製作方法** ▶
① 洗淨辣椒，戴上手套去除蒂部後切細末；蒜去皮，剁碎。
② 取一小碗，將辣椒、蒜末、鹽和甘草粉混合均勻。
③ 在鍋中用小火拌炒混合好的食材，炒2～3分鐘即完成。

tips 製作好的辣椒醬，建議於3～4天內食用完畢。為避免辣椒刺激肌膚，操作時請戴手套。

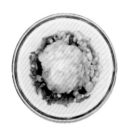

### 火鍋蘸醬

**食材** ▶ 白蘿蔔20克、蔥10克、蒜5克、辣椒1根、醬油10毫升、雙L益菌糖1包、白醋1毫升

**製作方法** ▶
① 將白蘿蔔磨成泥，蔥、蒜、辣椒切末。
② 取一小碗，先將醬油、醋及雙L益菌糖混合攪拌至溶解。
③ 另取一碗，放入白蘿蔔泥、蔥末、蒜末、辣椒末後，淋上步驟②的醬汁即完成。

tips 此火鍋蘸醬香辣中帶有微甜，適合搭配各種火鍋食材。

## 甘甜醬汁

**食材** ▶ 乾昆布10克、甘草2片、醬油20毫升、白開水50毫升

**製作方法** ▶

1. 用乾淨的布將昆布外表擦淨，不須水洗。
2. 取一小鍋子，放入昆布泡水10分鐘。
3. 將甘草、醬油放入小鍋中以小火煮滾，放冷即完成。

**tips** 甘甜醬汁可以冷藏存放2～3天，但仍須盡快食用完畢。

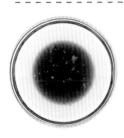

## 薑香甜醋醬

**食材** ▶ 醬油5毫升、無糖無添加蘋果醋5毫升、薑末1克、雙L益菌糖1包、白開水5毫升

**製作方法** ▶

將所有食材攪拌混合即完成。

**tips** 這款醬料適合海鮮如蝦、魚或魷魚，也可作為豆腐的調味選擇。

## 酸辣甜醬

**食材** ▶ 長辣椒10克、檸檬汁30毫升、雙L益菌糖2包、白開水15毫升

**製作方法** ▶

1. 長辣椒去籽切段。
2. 將長辣椒段與其他食材一同放入調理機中，攪拌均勻即完成。

## 異國辣味風蘸醬

**食材** ▶ 生腰果30克、無糖無添加番茄糊60克、辣椒粉1克、匈牙利紅椒粉1克、小茴香粉0.3克、奧勒岡葉0.3克、墨西哥香料0.3克、白開水60毫升

**製作方法** ▶

將所有食材放入調理機的容杯中，使用高速攪打至均勻、無顆粒即完成。

## 塔塔醬

**食材** ▶ 板豆腐200克、檸檬汁20毫升、無糖無添加蘋果醋20毫升、雙L益菌糖1包、鹽0.3克、雞蛋1個（水煮蛋）、小黃瓜50克

**製作方法** ▶

① 雞蛋放入冷水鍋中，加水超過蛋的高度2公分，開中大火將水煮滾。水滾後，轉至中小火煮約10分鐘即是水煮蛋。

② 小黃瓜切塊。

③ 除了水煮蛋、小黃瓜塊之外，將其他食材放入調理機的容杯中，高速攪打約40～50秒。

④ 將水煮蛋、小黃瓜塊加入步驟③的豆腐混合物中。使用攪拌機或食物處理器，瞬間轉5次（開一下、關一下，重複5次），略為切碎蛋和小黃瓜塊，並與其他食材混合均勻即完成。

**tips** 以板豆腐替代傳統塔塔醬中使用的美奶滋，讓這款醬料不僅油脂含量低，同時富含有益的鈣質和蛋白質。對於成長中的孩童以及希望增強骨質、預防骨質疏鬆症的人來說，這款醬料是絕佳的選擇。

---

## 莎莎醬

**食材** ▶ 牛番茄150克、紅甜椒50克、檸檬汁30毫升、鹽0.5克、辣椒粉少量、雙L益菌糖2包

**製作方法** ▶

① 牛番茄、紅甜椒切成小塊。

② 切好的牛番茄塊、紅甜椒塊和其他其他食材一同放入調理機的容杯中，慢速攪打大約20秒即完成。不必打得過細，可保留一些顆粒感。

**tips** 牛蕃茄與紅甜椒富含植化素，具強力去除自由基能力，有助於預防血管老化、破裂，抑制癌細胞的生長，並增強免疫系統。使用調理機打破它們的細胞壁，可以讓這些有益的植物化學素更容易被身體吸收。

## 五味烤肉醬

**食材 ▶** 牛番茄150克、朝天椒2克、蒜30克、薑20克、蔥20克、醬油5毫升、鹽1克、雙L益菌糖6包、MNT®10克、白開水30毫升

**製作方法 ▶**

① 牛番茄切成適中的塊狀，蔥切小段，薑切薄片，蒜去皮。

② 將步驟①中處理好的食材與其他材料，一同放入調理機的容杯中，高速攪打大約60秒，直到質地滑順即完成。

## 辣孜然風味允優格醬

**食材 ▶** 希臘豆乳允優格100克、無糖無添加蘋果醋15毫升、孜然粉3克、匈牙利紅椒粉0.5克、黑胡椒粉少量、辣椒粉少量、鹽1克

**製作方法 ▶**

將所有食材一起放入碗中，攪拌均勻即完成。

## 檸檬味噌醬汁

**食材 ▶** 檸檬汁20毫升、無糖無添加蘋果醋5毫升、雙L益菌糖1包、白味噌5克

**製作方法 ▶**

把所有食材一起放入碗中，攪拌到均勻即完成。

**tips** 檸檬的酸甜和味噌的醇厚感完美結合，用來搭配沙拉不僅可提升風味，健康且無負擔。

## 日式和風醬

**食材** ▶ 黃甜椒60克、薑末2克、薑黃粉少量、鹽少量、蘋果醋20毫升、雙L益菌糖1包

**製作方法** ▶
1. 黃甜椒切碎,與其他食材一同放入調理機中,攪拌至滑順即可。
2. 試味道後,根據口味加鹽調味即完成。

tips 做好的醬料可存放到密封容器中,放冰箱冷藏保存2～3天。此款醬料適合搭配蔬菜沙拉、涼拌菜或其他日式料理。

---

## 天婦羅蘸醬

**食材** ▶ 白蘿蔔泥30克、蔬菜高湯40毫升、醬油10毫升、雙L益菌糖1包

**製作方法** ▶
1. 將蔬菜高湯與醬油一起煮滾後,放涼。
2. 將白蘿蔔泥及雙L益菌糖加入步驟①的醬汁中,拌勻即完成。

---

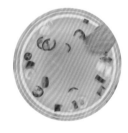

## 南洋甘醋醬

**食材** ▶ 朝天椒3克、無糖無添加蘋果醋50毫升、檸檬汁30毫升、香茅葉2克、羅勒葉0.5克、雙L益菌糖3包、白開水100毫升

**製作方法** ▶
1. 朝天椒切末。
2. 將雙L益菌糖之外的食材放入小鍋中,小火加熱約2～3分鐘後放涼。
3. 將雙L益菌糖加入步驟②的醬汁中,拌勻即完成。

## 東方豆腐黃芥香草醬

**食材** ▶ 板豆腐80克、黃芥末醬5克、蒜5克、鹽1克、新鮮百里香1克、無糖豆漿30毫升

**製作方法** ▶

① 新鮮百里香去中間梗，取葉使用。

② 將所有食材放入調理機，攪打50秒即完成。

## 紅甜椒醬

**食材** ▶ 紅甜椒100克、蒜5克、檸檬汁15毫升、鹽0.2克、百里香0.8克、新鮮迷迭香0.8克、白開水30毫升

**製作方法** ▶

① 紅甜椒去籽、切塊，蒜去皮。

② 將所有食材放入調理機攪打50秒即完成。

## 萬用滷汁

**食材** ▶ 花椒10克、大茴香5克、小茴香3克、甘草5克、桂皮5克、草果2克、薑3克、芹菜20克、醬油30毫升、水500毫升

**製作方法** ▶

① 將所有食材放入大鍋中，開小火煮滾後，繼續煮40分鐘。

② 煮好後，濾掉固體食材，保留滷汁使用。

tips 滷汁可加入各種食材滷煮，食物可浸泡滷汁中隔夜再食用，香味會更濃厚。

# 醬汁介紹

**R3**

## 檸檬腰果乳脂醬

**食材** ▶ 生腰果40克、白開水40毫升、檸檬汁20毫升、無糖無添加蘋果醋5毫升、海鹽0.5克、黃芥末醬1.5克、蒜粉1.5克

**製作方法** ▶

① 生腰果浸泡一夜後，沖洗乾淨並瀝去多餘水分。

② 將所有食材放入調理機的容杯中，以高速攪打至滑順即完成。

tips 建議每次食用量為成品重35克。

---

## 和風沙拉醬

**食材** ▶ 低溫烘焙熟白芝麻10克、醬油5毫升、檸檬汁10毫升、柴魚片1克、雙L益菌糖1包，白開水20毫升

**製作方法** ▶

　將所有食材放入調理機的容杯中，以高速攪打至滑順即完成。

---

## 核桃醬

**食材** ▶ 白芝麻30克、核桃8克、蒜3克、無糖無添加蘋果醋7毫升、雙L益菌糖1包、昆布高湯60毫升

**製作方法** ▶

　將所有食材放入調理機的容杯中，以高速攪打至滑順即完成。

## 味噌芝麻沙拉醬

**食材** ▶ 白味噌20克、低溫烘焙熟白芝麻12克、生腰果8克、甜杏仁10克、蒜5克、柴魚片1.5克、無糖無添加蘋果醋20毫升、白開水150毫升

**製作方法** ▶

將所有食材放入調理機的容杯中，以高速攪打至均勻即完成。

**tips** 建議每次食用量為成品重35克。

---

## 蒜香腰果醬

**食材** ▶ 生腰果10克、蒜5克、雙L益菌糖1包、鹽0.3克、無糖豆漿15毫升

**製作方法** ▶

① 生腰果浸泡一夜後，沖洗乾淨並瀝去多餘水分。

② 將所有食材放入調理機的容杯中，以高速攪打至滑順即完成。

**tips** 此款醬料特別適合搭配蔬菜或雞胸肉。

---

## 青醬

**食材** ▶ 松子6克、九層塔20克、蒜1克、鹽0.3克、酵母薄片1克、白開水20毫升

**製作方法** ▶

將所有食材放入調理機的容杯中，以高速攪打至順滑即完成。

---

## 煎餅蘸醬

**食材** ▶ 低溫烘焙熟白芝麻5克、無糖無添加蘋果醋10毫升、檸檬汁10毫升、鹽0.5克、朝天椒0.5克、雙L益菌糖1包

**製作方法** ▶

朝天椒切末後，與其他食材混合攪拌均勻即完成。

**tips** 此款蘸醬適合搭配海鮮煎餅或其他韓式料理。

# R1 Remove
## 排毒快速改變菌相

成功的 R1 讓你事半功倍，用 MNT、豆漿、豆
乳允優格開啟 R 旅程

R1期間會使用的食材非常單純，就是MNT®+水+無糖豆漿。把以上三者加到搖搖杯中搖勻就是一餐，一天要喝到四餐。

至於R1的天數、MNT®和無糖豆漿的分量，則需要依據每個人身體組成狀況的不同而調整。

有些人會覺得R1非常辛苦，畢竟身體還不習慣這樣的能量供應模式。這時候就需要適量加餐，畢竟嚴禁挨餓是這個飲食中最重要的一點。但同時也有很多人覺得R1非常方便，很適合工作忙碌、不想花時間思考要吃什麼的時候。

這邊有個訣竅分享給大家：你可以單獨喝豆漿，另外把MNT®只加水搖勻後慢慢喝，分成三個小時慢慢喝光都可以。只MNT®加水的好處是可以在冰箱外放比較久而不會發臭，慢慢地喝則能夠增加飽足感。

R1期間如果覺得口感單調，除了可以使用清口樂和雙L益菌糖以外，唯一可以想辦法變化的就是無糖豆漿。你可以把無糖豆漿做成優格，把原本應該要喝的豆漿量，改為優格的食用分量即可。

因此我特別研發能夠發酵豆漿的菌種—允優格。以下會分別介紹，如何用電鍋和氣炸烤箱來自製豆乳允優格。

# 豆乳允優格

 1000毫升玻璃保鮮盒1個

　　市售的優格有太多的添加物，例如修飾澱粉、玉米澱粉、明膠、山梨酸鉀、阿斯巴甜代糖、高果糖玉米糖漿、磷酸三鈣、食用色素等這些穩定劑、乳化劑、增稠劑，全都是為了讓優格能有濃稠滑順的口感，但這些添加劑都是4+2R代謝飲食法當中的違禁品。

　　現在就來看看，只用兩種材料如何製作健康又營養的優格。

**食材**
無糖豆漿800毫升
允優格乳酸菌發酵劑1包

**用具**
1000毫升玻璃保鮮盒1個

**tips**

◎ 建議採用玻璃製的保鮮盒來製作優格。玻璃不僅不會吸收氣味，其化學穩定性也非常高，能確保食物安全不受污染。此外，玻璃容器不含潛在有害的化學物質，耐熱且容易清潔。

◎ 在開始製作優格之前，請確保保鮮盒與使用的工具已澈底消毒，避免影響優格的品質和安全性。

◎ 豆乳允優格─使用電鍋製作的影片

# 希臘豆乳允優格

優格瀝水組1個

**使用電鍋的製作方法**

1. 將盛裝及攪拌用具放入鍋中，加入足夠的水沒過用具，水滾後再煮**10**分鐘。用夾子小心取出用具，放在乾淨的布或食品級廚房紙巾上讓用具自然乾燥。

2. 將1000毫升的豆漿倒入保鮮盒，加入1包允優格乳酸發酵劑，攪拌均勻至看不到粉即可。

3. 蓋緊保鮮盒後放入電鍋中，外鍋放入1個手指節高度的水，開啓「保溫」功能，計時3小時。時間到後，關閉電鍋保溫功能，用餘溫再放置8小時，豆乳允優格即製作完成。

4. 放入冰箱中冷藏保存。

**使用氣炸烤箱的製作方法**

1. 將盛裝及攪拌用具放入鍋中，加入足夠的水沒過用具，水沸後再煮**10**分鐘。用夾子小心取出用具，放在乾淨的布或食品級廚房紙巾上讓用具自然乾燥。

2. 將1000毫升的豆漿倒入保鮮盒，加入1包允優格乳酸發酵劑，攪拌均勻至看不到粉即可。

3. 蓋緊保鮮盒後，放進氣炸烤箱裡，選擇選單中的「發酵」功能，將溫度調到40℃，時間設定為1小時30分鐘，按「開始」。在這時，立刻開始使用另一個計時器計時14小時（氣炸烤箱的發酵程序完成後，豆乳允優格還需要在氣炸烤箱內靜置，直到14小時的計時器響起）。

4. 將豆乳允優格放入冰箱中冷藏保存。

**食材**

豆乳允優格500毫升

**製作方法**

1. 準備優格瀝水組，將豆乳允優格均勻倒入瀝水網中。

2. 蓋上瀝水網的蓋子後，將整個瀝水組放入冰箱冷藏，根據所需的濃稠度調整瀝水時數。

3. 完成瀝水後，將希臘豆乳優格轉移到清潔的容器中。瀝出的豆乳清液可以另行保存，用於飲料或料理中增加香醇的口感。

**tips**

◎ 根據瀝水的時間長短，希臘豆乳優格的濃稠度會有所變化。短時間內瀝水會得到較輕盈的優格，適合直接享用、做為沙拉醬或醃料；若瀝水時間較長，優格會變得更為濃稠，可用於製作蘸醬或抹醬，亦可以替代部分料理中的酸奶油。

◎ 希臘豆乳優格保存在冰箱中，請在幾天內食用完畢。

◎ 若過濾時間超過36小時，即是「希臘允優格豆乳酪」。

# R2 Renew
## 減脂養好菌

這個時期一定要有耐心，讓豆腐＆青菜＆蛋蛋，幫你和脂肪說 Bye-bye！

# 明目枸杞豆腐鍋

**食材**

板豆腐200克

鮮香菇100克

老薑15克

川芎10克

當歸10克

枸杞10克

鹽0.5克

水600毫升

| 營養成分分析 | |
|---|---|
| 蛋白質 (g) | 22.09 |
| 碳水化合物 (g) | 20.84 |
| 　糖質總量 (g) | 5.65 |
| 　膳食纖維 (g) | 5.4 |
| 脂肪 (g) | 9.59 |
| 　飽和脂肪 (g) | 1.72 |
| 　反式脂肪 (mg) | 0 |
| 膽固醇 (mg) | 0 |
| 鈉 (mg) | 196.3 |

33%
34%
33%

蛋白質 ■
脂肪 ▨
碳水化合物 ■

**製作方法**

① 老薑切片，香菇去蒂，板豆腐切成適口小塊。

② 萬用鍋中加水，放入板豆腐、香菇、老薑片、川芎、當歸及枸杞，燉煮15分鐘。

③ 鍋子洩壓、開蓋後，根據個人喜好加鹽調味即完成。若口味較淡者，亦可不加鹽。

 大保鮮盒1個

# 自製韓式蘿蔔

### 食材
白蘿蔔400克
鹽4克（白蘿蔔重量的1%）
冷開水1升（沖洗鹽漬白蘿蔔用）

### 調味料
海鹽1克
韓國細辣椒粉5克
韓國粗辣椒粉5克
雙L益菌糖1包
無糖無添加蘋果醋40毫升

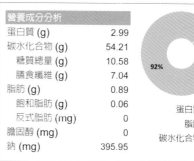

| 營養成分分析 | |
|---|---|
| 蛋白質 (g) | 2.99 |
| 碳水化合物 (g) | 54.21 |
| 　糖質總量 (g) | 10.58 |
| 　膳食纖維 (g) | 7.04 |
| 脂肪 (g) | 0.89 |
| 　飽和脂肪 (g) | 0.06 |
| 　反式脂肪 (mg) | 0 |
| 膽固醇 (mg) | 0 |
| 鈉 (mg) | 395.95 |

5%
3%
92%

蛋白質
脂肪
碳水化合物

**tips**
白蘿蔔可以切成自己喜歡的形狀
及大小，經過24小時冷藏醃漬
會更濃郁美味。

### 製作方法
1. 白蘿蔔洗淨去皮並切成小塊。
2. 取一大碗，放入白蘿蔔塊與4克鹽均勻拌合，靜置10分鐘讓白蘿蔔出水。
3. 用1升的冷開水將醃漬白蘿蔔的鹽分洗掉之後，將白蘿蔔瀝乾水分。
4. 將蘿蔔塊和所有調味料放入保鮮盒中拌勻，加蓋放冰箱冷藏一夜即完成。

# 無油荷包蛋&蛋捲

| 營養成分分析 | 荷包蛋 |
|---|---|
| 蛋白質 (g) | 6.97 |
| 碳水化合物 (g) | 0.9 |
| 糖質總量 (g) | 0.12 |
| 膳食纖維 (g) | 0 |
| 脂肪 (g) | 4.89 |
| 飽和脂肪 (g) | 1.69 |
| 反式脂肪 (mg) | 16.47 |
| 膽固醇 (mg) | 213.91 |
| 鈉 (mg) | 0 |

5% 58% 37%
蛋白質 ■
脂肪 ▨
碳水化合物 ■

| 營養成分分析 | 蛋捲 |
|---|---|
| 蛋白質 (g) | 6.97 |
| 碳水化合物 (g) | 0.9 |
| 糖質總量 (g) | 0.12 |
| 膳食纖維 (g) | 0 |
| 脂肪 (g) | 4.89 |
| 飽和脂肪 (g) | 1.69 |
| 反式脂肪 (mg) | 16.47 |
| 膽固醇 (mg) | 213.91 |
| 鈉 (mg) | 78.52 |

5% 58% 37%
蛋白質 ■
脂肪 ▨
碳水化合物 ■

**荷包蛋食材**

雞蛋1顆

**蛋捲食材**

雞蛋1顆

鹽0.2克

**荷包蛋製作方法**

1. 熱鍋後,將雞蛋打入鍋中,蛋白凝固時,輕輕用鍋鏟將雞蛋翻面。
2. 煎至喜愛的熟度即完成。

**蛋捲製作方法**

1. 雞蛋打散後,加入鹽混合均勻。
2. 將蛋液過濾,能讓煎出的蛋較為細緻。
3. 熱鍋後,倒入蛋液。維持中火,當蛋液開始凝固時,關火。
4. 蓋上鍋蓋,利用餘熱繼續燜煮1～2分鐘,直到蛋液完全凝固。

# 繽紛豆腐蒸蛋

### 食材

板豆腐200克
彩椒30克
鮮香菇20克
雞蛋1顆
醬油10毫升
水150毫升

### 製作方法

1. 板豆腐擠乾、瀝出水分,再捏碎即可。
   如喜歡偏軟嫩口感,也可不瀝乾水分。

2. 彩椒、鮮香菇切小丁。

3. 取一大碗,放入所有食材攪拌均勻後,
   若表面有泡沫盡量撇掉,再用耐熱保鮮
   膜包住。

4. 將大碗放入電鍋,電鍋外鍋加入一杯量
   米杯的水。鍋蓋不蓋緊,可放入一支筷
   子留縫散熱,按下開關,跳起即完成。

| 營養成分分析 | |
|---|---|
| 蛋白質 (g) | 26.33 |
| 碳水化合物 (g) | 8.41 |
| 　糖質總量 (g) | 0.83 |
| 　膳食纖維 (g) | 1.32 |
| 脂肪 (g) | 14.26 |
| 　飽和脂肪 (g) | 3.36 |
| 　反式脂肪 (mg) | 16.47 |
| 膽固醇 (mg) | 213.91 |
| 鈉 (mg) | 428.8 |

13%
48%
39%

蛋白質 ■
脂肪 ▨
碳水化合物 ■

**tips**

本書食譜中,電鍋外鍋放的水均以量米杯計
重。一杯量米杯的水約180毫升,半杯水可
蒸10分鐘,一杯水約15~20分鐘,兩杯水約
30~40分鐘。

# 麻藥溏心蛋

| 營養成分分析 | |
|---|---|
| 蛋白質 (g) | 48.01 |
| 碳水化合物 (g) | 25 |
| 　糖質總量 (g) | 4.22 |
| 　膳食纖維 (g) | 3.99 |
| 脂肪 (g) | 29.69 |
| 　飽和脂肪 (g) | 10.3 |
| 　反式脂肪 (mg) | 98.8 |
| 膽固醇 (mg) | 1283.45 |
| 鈉 (mg) | 1720.85 ★ |

18%
48%　34%

蛋白質 ■
脂肪 ■
碳水化合物 ■

★溏心蛋不會吸收醬汁中的所有鈉。蛋所吸收的鈉含量可能與醃製時間和接觸醬汁的量成正比。1720mg是醬油的鈉含量，並非一顆雞蛋所吸收的鈉含量。

**食材**
雞蛋6顆
朝天椒10克
蒜25克
蔥50克

**醬汁材料**
雙L益菌糖2包
醬油40毫升
花椒粉1克
白開水500毫升

**製作方法**

① 雞蛋放入冷水鍋中，加水超過蛋的高度2公分，開中大火將水煮滾。水滾後，轉至中小火煮約8分鐘，水煮溏心蛋即完成。

② 朝天椒、蒜、蔥切末，與醬汁材料拌勻。

③ 將去殼後的溏心蛋放入步驟②的醬汁中，密封放入冰箱冷藏至少一天，讓溏心蛋更入味。

# 紅椒蛋

## 食材
雞蛋1顆（水煮蛋）
希臘豆乳允優格10克
匈牙利紅椒粉少量
鹽少量
香菜葉少量（裝飾用，可省略）

| 營養成分分析 | |
|---|---|
| 蛋白質 (g) | 7.65 |
| 碳水化合物 (g) | 1.14 |
| 糖質總量 (g) | 0.22 |
| 膳食纖維 (g) | 0 |
| 脂肪 (g) | 5.23 |
| 飽和脂肪 (g) | 1.75 |
| 反式脂肪 (mg) | 16.47 |
| 膽固醇 (mg) | 213.91 |
| 鈉 (mg) | 39.26 |

6%
57%
37%

蛋白質 ■
脂肪 ▨
碳水化合物 ■

## 製作方法
1. 水煮蛋去殼後對切後，取出蛋黃。將蛋黃與希臘豆乳允優格、鹽拌勻。（希臘豆乳允優格製作方式，請見101頁）
2. 把混合後的蛋黃填回蛋白中，上面撒上匈牙利紅椒粉即完成。

tips
也可以將匈牙利紅椒粉換成其他喜愛的材料，如酸黃瓜。

# 豆干丁花椰米炒飯

## 食材

白豆干100克

花椰米150克

蔥20克

蒜10克

辣椒3克

雞蛋1顆

無糖無添加竹鹽蔬果調味粉1克

醬油5毫升

| 營養成分分析 | |
|---|---|
| 蛋白質 (g) | 28.34 |
| 碳水化合物 (g) | 10.44 |
| 糖質總量 (g) | 3.24 |
| 膳食纖維 (g) | 1.28 |
| 脂肪 (g) | 14.69 |
| 飽和脂肪 (g) | 3.94 |
| 反式脂肪 (mg) | 16.47 |
| 膽固醇 (mg) | 213.91 |
| 鈉 (mg) | 375.4 |

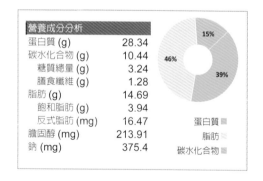

15%
46%
39%

蛋白質 ■
脂肪 ⊠
碳水化合物 ▦

## 製作方法

① 辣椒切圈,蔥切絲,蒜切末。白豆干切丁;雞蛋打散,備用。

② 熱鍋後,倒入雞蛋。等雞蛋開始凝固時,以鍋鏟推炒成小塊狀,再推至鍋邊。

③ 鍋中加入蒜末和豆干丁,炒至表面金黃。

④ 倒入花椰米,與鍋中原有食材快速拌炒均勻。

⑤ 加入竹鹽蔬果調味粉和醬油,翻炒至食材乾燥且均勻上色後,放上蔥絲和辣椒圈即完成。

 tips

選購豆干應選擇無添加、成分安全的產品,需注意避免含有過氧化氫(漂白劑)

和苯甲酸(防腐劑)等化學添加物的產品。

# 元氣滿滿鮮彩豆腐鍋

| 營養成分分析 | |
|---|---|
| 蛋白質 (g) | 22.48 |
| 碳水化合物 (g) | 17.87 |
| 糖質總量 (g) | 5.39 |
| 膳食纖維 (g) | 5.05 |
| 脂肪 (g) | 9.67 |
| 飽和脂肪 (g) | 1.8 |
| 反式脂肪 (mg) | 0 |
| 膽固醇 (mg) | 0 |
| 鈉 (mg) | 0 |

29%

35%  36%

■ 蛋白質
◌ 脂肪
■ 碳水化合物

## 食材

| | |
|---|---|
| 板豆腐200克 | 青花椰菜30克 |
| 杏鮑菇70克 | 大番茄30克 |
| 鮮香菇15克 | 嫩薑3克 |
| 荷蘭豆25克 | 元氣滿滿活力茶包1包 |
| 白蘿蔔30克 | 水400毫升 |

## 製作方法

1. 板豆腐切成適口小塊。杏鮑菇切片,鮮香菇刻花或切四等分,荷蘭豆去頭尾、去粗絲,白蘿蔔不削皮切塊,大番茄切四等分或小塊,嫩薑切片。
2. 鍋中加水,放入元氣滿滿活力茶包,以中火煮滾約3~5分鐘。
3. 將所有蔬菜放入鍋中燉煮。
4. 等食材煮熟後,再放入薑片煮1~2分鐘即完成。

### tips

○ 這道湯的風味,源自元氣滿滿活力茶包的天然的甜味,不需要再額外調味。但如果偏好略帶鹹味的湯,亦可依照自己的喜好調整。

○ 建議最後再加入薑片,避免其強烈的風味,搶去茶包的天然香氣。

# 銀芽蒟蒻絲

**食材**

海菜100克
白豆干50克
蒟蒻絲50克
綠豆芽（去頭尾）50克
薑10克
辣椒2克
白胡椒粉少量
醬油5毫升
無糖無添加蘋果醋2毫升

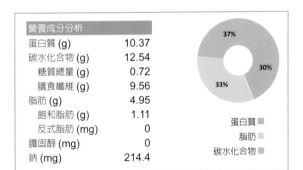

| 營養成分分析 | |
|---|---|
| 蛋白質 (g) | 10.37 |
| 碳水化合物 (g) | 12.54 |
| 糖質總量 (g) | 0.72 |
| 膳食纖維 (g) | 9.56 |
| 脂肪 (g) | 4.95 |
| 飽和脂肪 (g) | 1.11 |
| 反式脂肪 (mg) | 0 |
| 膽固醇 (mg) | 0 |
| 鈉 (mg) | 214.4 |

37%
30%
33%

■ 蛋白質
▨ 脂肪
▨ 碳水化合物

**製作方法**

① 白豆干切長條片，薑切絲、辣椒切斜段。

② 煮一鍋水，分別將海菜、白豆干片、蒟蒻絲、綠豆芽燙熟後放涼，備用。

③ 將步驟②燙熟的食材，加入薑絲、辣椒段、白胡椒粉、醬油、蘋果醋拌勻後，放置冰箱冷藏至少一晚，讓所有食材更入味即完成。

**tips**

◎ 此為開胃涼菜作法。如需要滿足R2階段一餐的蛋白質分量，白豆干可改為100克。

◎ 如果要保留豆芽的豆子，則須等到R4階段才適合食用。

# 金絲蛋香海之綾

## 食材

乾燥海藻10克　　辣椒5克

雞蛋1顆　　　　竹鹽蔬果調味粉1克

蔥2克　　　　　（無糖無添加）

薑2克　　　　　白胡椒粉少量

蒜5克　　　　　水20毫升

| 營養成分分析 | |
|---|---|
| 蛋白質 (g) | 8.78 |
| 碳水化合物 (g) | 7.98 |
| 　糖質總量 (g) | 0.37 |
| 　膳食纖維 (g) | 4.95 |
| 脂肪 (g) | 5.06 |
| 　飽和脂肪 (g) | 1.76 |
| 　反式脂肪 (mg) | 16.47 |
| 膽固醇 (mg) | 213.91 |
| 鈉 (mg) | 161.12 |

28%
31%
41%

蛋白質 ■
脂肪 ◆
碳水化合物 ■

## 製作方法

① 將乾燥海藻泡開後，清洗乾淨。辣椒去籽、切絲，蔥切絲，薑、蒜切末。

② 雞蛋打散後，倒入鍋中炒至半熟，推至鍋邊。

③ 原鍋放入薑末、蒜末、水先炒香，再加入海藻拌炒。

④ 將半熟的雞蛋拌入，再加入蔥絲和辣椒絲。

⑤ 撒入竹鹽蔬果調味粉和白胡椒粉調味，快速拌勻即完成。

### tips

◎ 海藻可能夾帶較多沙粒或雜質，須澈底洗淨。

◎ 辣椒絲的分量可依據個人的口味增減。

◎ 蛋炒到半熟的狀態先推至鍋邊，可確保在最後拌炒時，不會過熟或過度碎散。

# 日式開胃白綠涼菜

**食材**

嫩豆腐100克
菠菜100克
黑木耳50克
醬油10毫升
雙L益菌糖1包
七味粉少量

| 營養成分分析 | |
| --- | --- |
| 蛋白質 (g) | 8.15 |
| 碳水化合物 (g) | 12.88 |
| 糖質總量 (g) | 1.52 |
| 膳食纖維 (g) | 5.61 |
| 脂肪 (g) | 3.09 |
| 飽和脂肪 (g) | 0.72 |
| 反式脂肪 (mg) | 0 |
| 膽固醇 (mg) | 0 |
| 鈉 (mg) | 431.8 |

46%
29%
25%

■ 蛋白質
▨ 脂肪
■ 碳水化合物

**tips**

此為開胃涼菜作法。若需要滿足R2一餐的蛋白質含量,嫩豆腐可調整為300克。

**製作方法**

① 菠菜切段,黑木耳切絲,燙熟後,放涼備用。

② 嫩豆腐盡量擠乾水分後,捏碎,加入雙L益菌糖、醬油。

③ 將步驟①、②食材混合拌勻撒上少量七味粉即完成。

# 紙包焗綜合菇

食材
金針菇50克
鮮香菇50克
舞菇50克
秀珍菇50克
蒜5克
蔥5克
黑胡椒少量
百里香少量
鹽0.5克

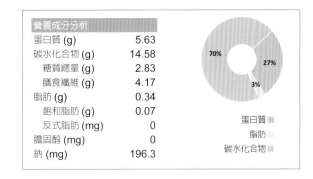

| 營養成分分析 | |
|---|---|
| 蛋白質 (g) | 5.63 |
| 碳水化合物 (g) | 14.58 |
| 糖質總量 (g) | 2.83 |
| 膳食纖維 (g) | 4.17 |
| 脂肪 (g) | 0.34 |
| 飽和脂肪 (g) | 0.07 |
| 反式脂肪 (mg) | 0 |
| 膽固醇 (mg) | 0 |
| 鈉 (mg) | 196.3 |

70% 蛋白質 ■
27% 脂肪 □
3% 碳水化合物 ■

製作方法

1. 鮮香菇去蒂頭、切細絲，金針菇撕成小把，舞菇、秀珍菇撕成適當大小，蔥、蒜切末。
2. 將所有食材放入容器中，混合均勻。
3. 把步驟❷的食材放到烘焙紙的中間，再將烘焙紙的四周摺起、固定，將食材包起。
4. 將步驟❸的紙包放入預熱至180℃的氣炸烤箱，烘烤10分鐘即完成。

# 開胃高纖涼拌三絲

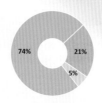

| 營養成分分析 | |
|---|---|
| 蛋白質 (g) | 4.51 |
| 碳水化合物 (g) | 15.49 |
| 糖質總量 (g) | 5.73 |
| 膳食纖維 (g) | 4.66 |
| 脂肪 (g) | 0.49 |
| 飽和脂肪 (g) | 0.14 |
| 反式脂肪 (mg) | 0 |
| 膽固醇 (mg) | 0 |
| 鈉 (mg) | 196.3 |

74%　21%　5%

蛋白質 ■
脂肪 ■
碳水化合物 ■

食材

金針菇100克

小黃瓜50克

紅蘿蔔30克

蒜15克

辣椒3克

鹽0.5克

製作方法

❶ 小黃瓜、紅蘿蔔切絲、蒜切末、辣椒切斜段。

❷ 金針菇、紅蘿蔔燙熟後，放涼備用。

❸ 將所有食材拌勻後，放入冰箱冷藏一晚讓食材更入味後，即可食用。

119

# 醋溜海帶芽

### 食材
乾燥海帶芽10克
（泡水瀝乾後約100克）
蒜5克
薑5克
朝天椒3克
鹽0.5克
無糖無添加蘋果醋20毫升
雙L益菌糖半包

| 營養成分分析 | |
|---|---|
| 蛋白質 (g) | 2.78 |
| 碳水化合物 (g) | 9.03 |
| 　糖質總量 (g) | 0.56 |
| 　膳食纖維 (g) | 5.52 |
| 脂肪 (g) | 0.13 |
| 　飽和脂肪 (g) | 0.04 |
| 　反式脂肪 (mg) | 0 |
| 膽固醇 (mg) | 0 |
| 鈉 (mg) | 197.8 |

75%　23%　2%

蛋白質 ■
脂肪 ■
碳水化合物 ■

### 製作方法
1. 乾燥海帶芽泡水約10分鐘，直到海帶芽變軟。
2. 蒜磨成泥，薑切絲，朝天椒切斜片。
3. 海帶芽川燙約1分鐘後，先放入冷開水中降溫，再撈出瀝乾水分。
4. 取一大碗，放入所有食材拌勻後，醃製約10分鐘即完成。

# 蒜香手撕花杏鮑菇

**食材**

杏鮑菇160克
蔥20克
辣椒5克
蒜10克
白胡椒粉0.5克
鹽0.5克

| 營養成分分析 | |
|---|---|
| 蛋白質 (g) | 5.48 |
| 碳水化合物 (g) | 18.43 |
| 　糖質總量 (g) | 5.37 |
| 　膳食纖維 (g) | 6.68 |
| 脂肪 (g) | 0.47 |
| 　飽和脂肪 (g) | 0.15 |
| 　反式脂肪 (mg) | 0 |
| 膽固醇 (mg) | 0 |
| 鈉 (mg) | 196.9 |

74%　22%　4%

蛋白質
脂肪
碳水化合物

**製作方法**

1. 杏鮑菇撕成細絲，蔥切珠，辣椒切圈，蒜切末。
2. 將杏鮑菇絲放入預熱至180℃的氣炸烤箱中，烘烤15分鐘。在8分鐘時，翻面一次之後，繼續烘烤至時間結束。
3. 取出杏鮑菇絲後，撒入蔥珠、辣椒圈、蒜末、白胡椒粉和鹽，拌均勻即完成。

# 蔬食咖哩豆腐

| 營養成分分析 | |
|---|---|
| 蛋白質 (g) | 23.36 |
| 碳水化合物 (g) | 25.16 |
| 糖質總量 (g) | 4.29 |
| 膳食纖維 (g) | 3.8 |
| 脂肪 (g) | 10.91 |
| 飽和脂肪 (g) | 1.97 |
| 反式脂肪 (mg) | 0 |
| 膽固醇 (mg) | 0 |
| 鈉 (mg) | 432.61 |

34%
32%
34%

蛋白質
脂肪
碳水化合物

## 食材

板豆腐200克　　　辣椒3克
洋菇30克　　　　鹽0.5克
杏鮑菇30克　　　醬油5毫升
彩椒40克　　　　雙L益菌糖2包
青花椰菜50克　　水100毫升
印度咖哩粉10克

## 製作方法

1. 板豆腐切方塊。洋菇、杏鮑菇、彩椒、青花椰菜切為跟豆腐差不多大的塊狀、辣椒切斜段。

2. 青花椰熱水汆燙1分鐘。

3. 熱鍋後,放入咖哩粉以小火炒香,避免炒焦。

4. 放入洋菇塊、杏鮑菇塊、彩椒塊和青花椰菜,轉中火翻炒到蔬菜稍微變軟。

5. 加入板豆腐、鹽、醬油、雙L益菌糖拌炒均勻。

6. 倒入100毫升的水後,轉為中小火,讓咖哩慢慢煮沸,等湯汁略為濃稠放上辣椒即完成。

# 番茄皮蛋氣炸豆腐

食材

板豆腐200克
大番茄60克
皮蛋1顆
醬油5毫升
無糖無添加烏醋10毫升
雙L益菌糖半包
蔥少量
蒜5克
水5毫升

| 營養成分分析 | |
|---|---|
| 蛋白質 (g) | 26.7 |
| 碳水化合物 (g) | 11.78 |
| 糖質總量 (g) | 2.99 |
| 膳食纖維 (g) | 0.97 |
| 脂肪 (g) | 16.15 |
| 飽和脂肪 (g) | 3.83 |
| 反式脂肪 (mg) | 0 |
| 膽固醇 (mg) | 335.29 |
| 鈉 (mg) | 217.9 |

16%
48%
36%

蛋白質 ■
脂肪 ▨
碳水化合物 ■

製作方法

① 大番茄切丁，蔥切末，蒜磨成泥。皮蛋先在滾水中煮約3分鐘，再去殼切丁。

② 去除板豆腐的水分。板豆腐去水處理的製作方式：將豆腐表面擦乾後，連同容器放進微波爐加熱約2分鐘，即可快速去除豆腐水分。

③ 將醬油、雙L益菌糖、烏醋、蔥末、蒜泥和水混合為醬汁。

④ 將豆腐放入預熱至200℃的氣炸烤箱，烘烤15分鐘。

⑤ 豆腐烤好取出裝盤後，在豆腐表面劃一個十字、但不要完全切開。將番茄丁、皮蛋丁鋪在豆腐上，淋上步驟③的醬汁即完成。或可參考照片中的做法，分開擺放、再一起食用。

# 蔬菜蛋捲

食材

雞蛋2顆

無調味海苔1片

小黃瓜10克

金針菇10克

紅甜椒10克

鹽0.2克

白胡椒粉少量

| 營養成分分析 | |
|---|---|
| 蛋白質 (g) | 14.83 |
| 碳水化合物 (g) | 3.87 |
| 　糖質總量 (g) | 0.67 |
| 　膳食纖維 (g) | 0.82 |
| 脂肪 (g) | 9.91 |
| 　飽和脂肪 (g) | 3.4 |
| 　反式脂肪 (mg) | 32.93 |
| 膽固醇 (mg) | 427.82 |
| 鈉 (mg) | 78.64 |

10%
54%
36%

蛋白質 ■
脂肪 ■
碳水化合物 ■

製作方法

1. 小黃瓜、紅甜椒切末，金針菇切末。
2. 在碗中將雞蛋打散後，加入小黃瓜丁、金針菇末、紅甜椒末、鹽和白胡椒粉，拌勻。
3. 熱鍋後，將蔬菜蛋液倒入鍋中鋪平。
4. 等蛋液半凝固時，鋪上無調味海苔片後翻面，煎熟後挪至熟食砧板上。
5. 略放涼之後，從一側開始慢慢捲起，將蛋捲切成適口小段即完成。

# 塔香豆腐

| 營養成分分析 | |
| --- | --- |
| 蛋白質 (g) | 21.02 |
| 碳水化合物 (g) | 18.04 |
| 　糖質總量 (g) | 1.68 |
| 　膳食纖維 (g) | 4.18 |
| 脂肪 (g) | 9.72 |
| 　飽和脂肪 (g) | 1.72 |
| 　反式脂肪 (mg) | 0 |
| 膽固醇 (mg) | 0 |
| 鈉 (mg) | 431.8 |

30%
34%
36%

蛋白質
脂肪
碳水化合物

## 食材
板豆腐200克　　　九層塔20克
鮮香菇30克　　　　醬油10毫升
彩椒100克　　　　雙L益菌糖1包
老薑15克　　　　　水100毫升

## 製作方法
1. 板豆腐切成塊，香菇切片，彩椒切絲，九層塔去粗梗，老薑切片。
2. 熱鍋後，將板豆腐煎至兩面金黃色之後，取出備用。
3. 鍋中加入老薑片、香菇片、彩椒絲、雙L益菌糖及水，中小火煮5分鐘。
4. 將煎好的板豆腐和九層塔加入鍋中，蓋上鍋蓋燜煮1～2分鐘，讓食材入味後即完成。

**tips**
此塔香豆腐照片中未加醬油，展現更純粹的風味；如愛傳統口感，可於步驟3加入醬油以增添鹹甜。

# 氣炸豆腐珊瑚排

 豆漿過濾袋1個

## 食材

板豆腐200克　　　黑胡椒粉0.2克
凍豆腐125克　　　五香粉0.5克
珊瑚菇100克　　　匈牙利紅椒粉0.3克
雞蛋2顆　　　　　鹽0.2克
白胡椒粉0.3克　　醬油5毫升

| 營養成分分析 | |
|---|---|
| 蛋白質 (g) | 52.31 |
| 碳水化合物 (g) | 16.8 |
| 　糖質總量 (g) | 2.18 |
| 　膳食纖維 (g) | 4.8 |
| 脂肪 (g) | 28.15 |
| 　飽和脂肪 (g) | 6.78 |
| 　反式脂肪 (mg) | 42.46 |
| 膽固醇 (mg) | 427.82 |
| 鈉 (mg) | 293.78 |

13%
48%
39%

蛋白質 ■
脂肪 ■
碳水化合物 ■

## 製作方法

① 鍋熱後，放入珊瑚菇炒熟略乾，放涼備用。

② 板豆腐放入豆漿過濾袋中擰乾（大約剩135克），倒入大碗中。

③ 凍豆腐解凍後，放入豆漿過濾袋中擰乾，盛到另一大碗中，用手將其揉碎成細粉狀。

④ 將步驟①的珊瑚菇、1顆雞蛋及所有調味料加入步驟②的板豆腐中，均勻拌混至黏性增強。分成10～12等分，塑成小塊。

⑤ 取另1顆雞蛋打散，將每塊豆腐珊瑚排沾滿蛋液，接著裹上步驟③的凍豆腐碎粉。

⑥ 放入預熱至180℃的氣炸烤箱中，烘烤15分鐘。在第10分鐘時，打開烤箱將豆腐珊瑚排翻面後，繼續烘烤至時間結束即完成。

 tips

氣炸豆腐珊瑚排本身已具有獨特風味，可直接品嚐。如欲增添不同口感，建議搭配紅甜椒醬、東方豆腐黃芥香草醬或其他喜愛的醬料享用。

# 經典豆腐漢堡排

## 食材

板豆腐200克　　　　雞蛋1顆

紅甜椒30克　　　　　鹽0.5克

杏鮑菇30克　　　　　義大利香料0.3克

（可用洋菇代替）　　白胡椒0.3克

薑3克　　　　　　　匈牙利紅椒粉0.3克

| 營養成分分析 | |
|---|---|
| 蛋白質 (g) | 26.35 |
| 碳水化合物 (g) | 11.47 |
| 糖質總量 (g) | 1.6 |
| 膳食纖維 (g) | 1.59 |
| 脂肪 (g) | 14.67 |
| 飽和脂肪 (g) | 3.38 |
| 反式脂肪 (mg) | 16.47 |
| 膽固醇 (mg) | 213.91 |
| 鈉 (mg) | 196.66 |

16%　47%　37%

蛋白質
脂肪
碳水化合物

## 製作方法

① 將板豆腐放在豆漿過濾袋中，擠出多餘的水分後弄碎至泥狀。

② 紅甜椒、杏鮑菇切小丁，薑磨成泥。

③ 熱鍋後，將杏鮑菇丁炒熟，取出放涼。

④ 取一大碗，放入碎豆腐、紅甜椒丁、杏鮑菇丁、薑泥和雞蛋先混合，再加入鹽、義大利香料、白胡椒粉和匈牙利紅椒粉調味後，攪打至稍具黏性。

⑤ 準備一張饅頭紙，將塔圈放在饅頭紙上，取適量豆腐蔬菜餡放入塔圈中，壓平後脫模。

⑥ 熱鍋後，放入經典豆腐漢堡排，煎至雙面金黃色即完成。

**tips**

用法式塔圈可以統一豆腐漢堡排的大小。圖中洋菇是擺盤用末放在營養成分中。

豆漿過濾袋1個
8公分法式塔圈1個
10X10公分的饅頭紙3張

# 心情好好安神燉飯

**食材**

板豆腐200克
蒟蒻米100克
無糖豆漿150毫升
青花椰菜30克
紅甜椒70克
杏鮑菇50克
乾燥海帶芽5克
蒜7克
心情好好安神茶包1包
鹽0.5克
黑胡椒粉0.3克

| 營養成分分析 | |
|---|---|
| 蛋白質 (g) | 27.49 |
| 碳水化合物 (g) | 32.08 |
| 糖質總量 (g) | 3.39 |
| 膳食纖維 (g) | 16.69 |
| 脂肪 (g) | 12.43 |
| 飽和脂肪 (g) | 2.24 |
| 反式脂肪 (mg) | 0 |
| 膽固醇 (mg) | 0 |
| 鈉 (mg) | 200.82 |

37%
31%
32%

蛋白質 ■
脂肪 ■
碳水化合物 ■

**製作方法**

① 乾燥海帶芽加水泡軟，板豆腐切成適口小塊，紅甜椒切小塊，青花椰菜切小朵，杏鮑菇切片，蒜切片。

② 蒟蒻米略為川燙一下，撈出備用。

③ 無糖豆漿倒入小湯鍋中放入心情好好安神茶包，中火滾後再煮3～5分鐘，即可撈出茶包。

④ 另取一鍋，熱鍋後放入蒜片炒香，加入步驟③的湯及所有食材，煮至食材熟透並略微收汁，以鹽與黑胡椒粉調味即完成。

# 金沙豆腐

食材

嫩豆腐300克
鹹蛋半顆
蒜10克
蔥10克
辣椒5克

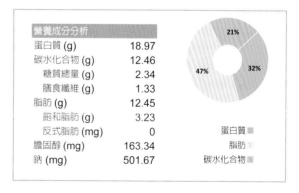

| 營養成分分析 | |
|---|---|
| 蛋白質 (g) | 18.97 |
| 碳水化合物 (g) | 12.46 |
| 　糖質總量 (g) | 2.34 |
| 　膳食纖維 (g) | 1.33 |
| 脂肪 (g) | 12.45 |
| 　飽和脂肪 (g) | 3.23 |
| 　反式脂肪 (mg) | 0 |
| 膽固醇 (mg) | 163.34 |
| 鈉 (mg) | 501.67 |

21%

47%　32%

蛋白質 ■
脂肪 ▨
碳水化合物 ■

製作方法

1. 將鹹蛋的蛋白、蛋黃分開後,分別切碎;蒜切末,蔥切珠,辣椒切斜片。
2. 嫩豆腐切小塊後,放入預熱至180℃的氣炸烤箱中,烘烤15分鐘至表面金黃。
3. 熱鍋後,加入鹹蛋黃翻炒至起泡後,加入鹹蛋白碎、蒜末、辣椒片跟步驟❷的嫩豆腐塊,大火翻炒均勻。
4. 起鍋前,加入蔥珠即完成。

**tips**

◎ 鹹蛋黃含油脂,翻炒起泡後,香味會更加濃郁。
◎ 也可將食材中的半顆鹹蛋,改為一整顆鹹蛋黃。

# 十三香鮮馥三寶炒

| 營養成分分析 | |
|---|---|
| 蛋白質 (g) | 23.25 |
| 碳水化合物 (g) | 16.22 |
| 糖質總量 (g) | 2.74 |
| 膳食纖維 (g) | 4.09 |
| 脂肪 (g) | 10.03 |
| 飽和脂肪 (g) | 1.98 |
| 反式脂肪 (mg) | 0 |
| 膽固醇 (mg) | 0 |
| 鈉 (mg) | 539.23 |

26%
36%
38%

蛋白質 ■
脂肪 ■
碳水化合物 ■

食材

板豆腐200克

洋菇100克

青椒80克

蒜10克

十三香調味粉1克

無糖無添加竹鹽蔬果調味粉2克

醬油5毫升


製作方法

① 青椒切成約小丁，蒜切末，洋菇切片或切小塊。

② 將板豆腐切成約1公分的小塊，乾煎後備用。

③ 熱鍋後，先放入蒜末炒香。加入步驟②的豆腐丁推拌後，再放入洋菇片與青椒丁一起翻炒。

④ 最後，加入十三香調味粉和竹鹽蔬果調味粉、醬油調味，翻炒至食材熟透即完成。

# 元氣滿滿活力冬瓜銀耳盅

**食材**
冬瓜120克
新鮮白木耳50克
鮮香菇30克
嫩薑2克
枸杞1克
元氣滿滿茶包1包
水300毫升

| 營養成分分析 | |
| --- | --- |
| 蛋白質 (g) | 2.04 |
| 碳水化合物 (g) | 9.28 |
| 糖質總量 (g) | 2.28 |
| 膳食纖維 (g) | 5.16 |
| 脂肪 (g) | 0.24 |
| 飽和脂肪 (g) | 0.05 |
| 反式脂肪 (mg) | 0 |
| 膽固醇 (mg) | 0 |
| 鈉 (mg) | 0 |

17%
78%
5%

蛋白質 ■
脂肪 ■
碳水化合物 ■

**製作方法**

❶ 冬瓜去皮、去籽後，切成小塊；白木耳撕成小片；鮮香菇去蒂頭，切十字花；嫩薑切薄片；枸杞略清洗後，瀝乾水分。

❷ 萬用鍋內放入元氣滿滿茶包、水、冬瓜塊、白木耳、鮮香菇、薑片，時間設定45分鐘。

❸ 煮好後，開蓋加入枸杞即完成。

# 鮮嫩舞菇翠綠青江

食材

青江菜100克

舞菇100克

蒜10克

無糖無添加竹鹽蔬果調味粉1克

白胡椒粉少量

水20毫升

枸杞1克

| 營養成分分析 | |
|---|---|
| 蛋白質 (g) | 3.84 |
| 碳水化合物 (g) | 11.02 |
| 糖質總量 (g) | 1.02 |
| 膳食纖維 (g) | 2.73 |
| 脂肪 (g) | 0.39 |
| 飽和脂肪 (g) | 0.04 |
| 反式脂肪 (mg) | 0 |
| 膽固醇 (mg) | 0 |
| 鈉 (mg) | 161.12 |

70% 24% 6%

蛋白質 ■
脂肪 ◔
碳水化合物 ■

製作方法

① 青江菜切段，舞菇撕成小片，蒜切末，枸杞洗淨。

② 熱鍋後，放入蒜末及水炒香，再加入舞菇炒至金黃色。

③ 放入青江菜、枸杞拌炒至軟，以竹鹽蔬果調味粉與白胡椒粉調味即完成。

 tips

根據個人喜歡的口感，青江菜切除根部後，可整株或是切小塊烹調食用。

# 酸辣湯

食材

嫩豆腐300克

木耳50克

竹筍50克

雞蛋1顆

蔥15克

白胡椒粉0.2～2克

（依個人口味調整）

無糖無添加烏醋10毫升

無糖無添加蘋果醋5毫升

水300毫升

若因食用烏醋造成體重無法順利下降，可全改為無糖無添加蘋果醋。

| 營養成分分析 | |
|---|---|
| 蛋白質 (g) | 22.52 |
| 碳水化合物 (g) | 18.05 |
| 　糖質總量 (g) | 4.18 |
| 　膳食纖維 (g) | 5.32 |
| 脂肪 (g) | 13.24 |
| 　飽和脂肪 (g) | 3.59 |
| 　反式脂肪 (mg) | 16.47 |
| 膽固醇 (mg) | 213.91 |
| 鈉 (mg) | 2.6 |

26%
32%
42%

■ 蛋白質
■ 脂肪
■ 碳水化合物

製作方法

① 嫩豆腐、木耳、竹筍切絲，蔥切珠，雞蛋打散。

② 取一湯鍋，加入水煮滾後，放入豆腐絲、木耳絲、竹筍絲，以中小火煮滾。

③ 轉大火，慢慢將蛋液倒入步驟②的湯中。

④ 起鍋前，加入烏醋、蘋果醋、白胡椒粉、蔥珠拌勻即完成。

# 黑胡椒鐵板豆腐

食材

板豆腐200克

鴻喜菇100克

鮮香菇2朵

蒜20克

蔥20克

黑胡椒1克

醬油5毫升

無糖無添加竹鹽蔬果調味粉1克

洋車前子殼1克

水50毫升

| 營養成分分析 | |
|---|---|
| 蛋白質 (g) | 23.46 |
| 碳水化合物 (g) | 18.76 |
| 　糖質總量 (g) | 3.16 |
| 　膳食纖維 (g) | 5.15 |
| 脂肪 (g) | 9.6 |
| 　飽和脂肪 (g) | 1.81 |
| 　反式脂肪 (mg) | 0 |
| 膽固醇 (mg) | 0 |
| 鈉 (mg) | 375.74 |

29%
34%　37%

蛋白質 ▓
脂肪 ▓
碳水化合物 ▓

製作方法

① 板豆腐切成適當大小的長條。

② 蔥切珠，蒜切末，鮮香菇去蒂頭、切十字花，鴻喜菇撕成適當大小。

③ 熱鍋後，將板豆腐條煎至兩面金黃色後盛出。

④ 用同一鍋放入蒜末炒香，加入香菇及鴻喜菇先炒熟，再放入煎好的豆腐條，輕輕推拌均勻。

⑤ 加入黑胡椒、醬油、竹鹽蔬果調味粉、洋車前子殼及水，翻拌至醬汁略收乾即完成。

# 泰式偽魷魚

## 食材

| | |
|---|---|
| 杏鮑菇170克 | 檸檬汁30毫升 |
| 紫洋蔥15克 | 醬油5毫升 |
| 辣椒6克 | 椒麻鹽0.2克 |
| 檸檬葉15克 | 海鹽0.2克 |
| 大番茄50克 | 雙L益菌糖1包 |
| 芹菜5克 | |

| 營養成分分析 | |
|---|---|
| 蛋白質 (g) | 5.98 |
| 碳水化合物 (g) | 23.89 |
| 　糖質總量 (g) | 7.95 |
| 　膳食纖維 (g) | 6.99 |
| 脂肪 (g) | 0.64 |
| 　飽和脂肪 (g) | 0.18 |
| 　反式脂肪 (mg) | 0 |
| 膽固醇 (mg) | 0 |
| 鈉 (mg) | 297.12 |

76%　19%　5%

蛋白質 ■
脂肪 ■
碳水化合物 ■

## 製作方法

① 將大番茄和芹菜放入調理機的容杯中，打成泥備用。

② 杏鮑菇縱向對切，並於兩面刻上花紋。

③ 檸檬葉、辣椒切細末。紫洋蔥切絲後，平鋪於預備的盤子中。

④ 熱鍋後，放入杏鮑菇乾煎至熟透，取出放在步驟③的盤子中。

⑤ 取一小碗，放入檸檬葉末、辣椒末、檸檬汁以及所有的調味料，攪拌均勻即為泰式醬汁。

⑥ 將步驟⑤的醬汁及步驟①的番茄泥，淋到盛有杏鮑菇與紫洋蔥的盤子中即完成。

**tips**

◎ 紫洋蔥僅用於擺盤。若要食用，須等到R4階段。

◎ 檸檬葉可以用香菜或其他香草替代。

# 氣炸櫛瓜辣脆片

食材

櫛瓜150克

鹽1克

MNT®10克

蒜粉1克

海鹽1克

辣椒粉1克

檸檬汁20毫升

| 營養成分分析 | |
|---|---|
| 蛋白質 (g) | 12.14 |
| 碳水化合物 (g) | 5.74 |
| 糖質總量 (g) | 0.33 |
| 膳食纖維 (g) | 1.84 |
| 脂肪 (g) | 0.59 |
| 飽和脂肪 (g) | 0.15 |
| 反式脂肪 (mg) | 0 |
| 膽固醇 (mg) | 0 |
| 鈉 (mg) | 670.85 |

30%

7%

63%

蛋白質 ■
脂肪 ▨
碳水化合物 ■

製作方法

① 櫛瓜切成0.2～0.3公分的薄片，撒入鹽1克，拌勻後靜置10分鐘讓櫛瓜片先出水。

② 10分鐘後，用食品級廚房紙巾擦乾櫛瓜片上的水分。

③ 將MNT®、蒜粉、海鹽放入碗中拌勻，放入櫛瓜片並確保兩面都裹上調味粉。接著，再用噴瓶噴些檸檬汁。

④ 把櫛瓜片放入預熱至180℃的氣炸烤箱中，180度烘烤8分鐘後，將烤箱溫度調降至150度，翻面再繼續烘烤8分鐘，烘烤至想要的酥脆度即完成。

# 繽紛櫛瓜餅

| 營養成分分析 | |
|---|---|
| 蛋白質 (g) | 14.87 |
| 碳水化合物 (g) | 4.17 |
| 糖質總量 (g) | 0.24 |
| 膳食纖維 (g) | 0.84 |
| 脂肪 (g) | 9.89 |
| 飽和脂肪 (g) | 3.39 |
| 反式脂肪 (mg) | 32.93 |
| 膽固醇 (mg) | 427.82 |
| 鈉 (mg) | 39.26 |

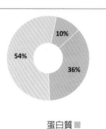

54% 10% 36%

蛋白質 ■
脂肪 ▨
碳水化合物 ■

## 食材
雞蛋2顆
彩椒30克
櫛瓜30克
鹽少量
義大利香料0.3克

## 製作方法
① 彩椒、櫛瓜切絲,雞蛋打散成蛋液。
② 將步驟①的食材,加入鹽、義大利香料後,充分攪勻。
③ 熱鍋後,將塔圈放入鍋內,取適量步驟②的食材倒入塔圈中,待蛋液邊緣稍微定型之後,取出模型,將煎餅翻面煎至熟透即完成。

**tips**
若沒有塔圈,可使用湯匙舀取一勺,放入鍋中,輕輕壓平以幫助其定型。

# 手作凍豆腐蘑菇蛋堡

**食材**

板豆腐200克
洋菇30克
青椒20克
洋蔥20克
大番茄20克
雞蛋1顆
無糖無添加番茄糊5克
鹽1克
黑胡椒粉2克
水10毫升

 **tips**

凍豆腐常溫退冰約需5小時，
可微波約2分鐘，快速退冰。

| 營養成分分析 | |
|---|---|
| 蛋白質 (g) | 26.33 |
| 碳水化合物 (g) | 11.04 |
| 糖質總量 (g) | 2.78 |
| 膳食纖維 (g) | 1.91 |
| 脂肪 (g) | 14.51 |
| 飽和脂肪 (g) | 3.55 |
| 反式脂肪 (mg) | 16.47 |
| 膽固醇 (mg) | 213.91 |
| 鈉 (mg) | 392.74 |

16%
47%
37%

蛋白質 ■
脂肪 ■
碳水化合物 ■

**製作方法**

① 板豆腐切成想要的形狀共兩片，放入冷凍庫兩天。

② 洋菇切片，青椒切片，洋蔥切絲，大番茄切片。

③ 板豆腐退冰後，乾煎至兩面金黃，備用。

④ 洋蔥絲、洋菇片略後，加鹽、黑胡椒粉、水炒熟。

⑤ 雞蛋煎為荷包蛋。

⑥ 在一片板豆腐上，依序疊放青椒片、洋菇片、洋蔥絲、大番茄片、荷包蛋之後，淋上番茄糊，再蓋上另一片板豆腐即完成。

# 氣炸R薯條

**食材**
板豆腐300克
大番茄150克
雙L益菌糖1/3包
醬油3毫升
水6毫升

| 營養成分分析 | |
|---|---|
| 蛋白質 (g) | 27.92 |
| 碳水化合物 (g) | 12.8 |
| 糖質總量 (g) | 4.41 |
| 膳食纖維 (g) | 1.5 |
| 脂肪 (g) | 13.98 |
| 飽和脂肪 (g) | 2.54 |
| 反式脂肪 (mg) | 0 |
| 膽固醇 (mg) | 0 |
| 鈉 (mg) | 129.64 |

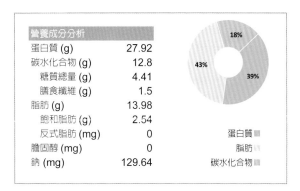

18%
43%
39%

■ 蛋白質
■ 脂肪
■ 碳水化合物

**R薯條製作方法**

① 板豆腐切長條後,用食品級廚房紙巾擦乾表面水分。

② 將板豆腐放入預熱至180℃的氣炸鍋內,烘烤15分鐘。在烘烤8分鐘後打開、翻面,繼續烘烤。

③ 出鍋前3分鐘,用醬油+水塗抹豆腐條表面,幫助上色,再烘烤至時間結束即完成。

**番茄糊製作方法**

① 番茄水煮後去皮,切塊後放入調理機的容杯中,加少量水(可省略)打成糊。喜歡較酸口味的,可在完成的番茄糊中,再加入少量豆乳允優格。

② 確認喜愛的酸度之後,再加入雙L益菌糖拌勻即完成。

# 雲朵蛋

**食材**
雞蛋1顆
胡椒鹽少量

| 營養成分分析 | |
| --- | --- |
| 蛋白質 (g) | 6.97 |
| 碳水化合物 (g) | 0.98 |
| 糖質總量 (g) | 0.12 |
| 膳食纖維 (g) | 0.03 |
| 脂肪 (g) | 4.89 |
| 飽和脂肪 (g) | 1.69 |
| 反式脂肪 (mg) | 16.47 |
| 膽固醇 (mg) | 213.91 |
| 鈉 (mg) | 38.32 |

5%
58%
37%

■ 蛋白質
■ 脂肪
■ 碳水化合物

**製作方法**
① 將蛋白與蛋黃分離。
② 蛋白打發至乾性後，放在鋪有烘焙紙的烤盤內，放入預熱至180℃的氣炸烤箱，烘烤8分鐘至表面為金黃色後，再放入蛋黃，繼續烘烤4分鐘。
③ 烤好後，撒上胡椒鹽即完成。

# MNT綠野仙蹤濃湯

## 食材
青花椰菜100克
洋菇80克
新鮮白木耳20克
MNT®20克
無糖豆漿250毫升

鹽0.5克
蒜香豆腐丁50克
義大利香料少量
黑胡椒粉少量

| 營養成分分析 | |
|---|---|
| 蛋白質 (g) | 37.86 |
| 碳水化合物 (g) | 16.19 |
| 　糖質總量 (g) | 3.62 |
| 　膳食纖維 (g) | 5.91 |
| 脂肪 (g) | 8.97 |
| 　飽和脂肪 (g) | 1.87 |
| 　反式脂肪 (mg) | 3.81 |
| 膽固醇 (mg) | 0 |
| 鈉 (mg) | 358.3 |

22%
27%
51%

蛋白質
脂肪
碳水化合物

## 製作方法
1. 青花椰菜切小朵，白木耳撕成小朵。
2. 準備一鍋熱水，川燙青花椰菜、洋菇、白木耳約1分鐘，取出備用。
3. 將MNT®和無糖豆漿放入高速調理機的容杯中，瞬轉10秒後，再倒入燙好的青花椰、洋菇、白木耳與鹽，高速瞬轉5次或瞬轉切碎至自己喜歡的濃度。
4. 將步驟3的濃湯盛碗，撒上黑胡椒粉與義大利香料，放上蒜香豆腐丁即完成。

### 【同場加映】蒜香豆腐丁

**食材**
板豆腐200克
蒜泥6克
鹽1克
水15毫升
義大利香料少量

**製作方法**
1. 板豆腐切成2×2公分，裝入保鮮袋、放入冰箱冷凍庫結凍。
2. 取出凍豆腐並自然解凍後，用手輕輕擠出多餘水分，將豆腐再切成1×1公分。
3. 先將蒜泥、鹽、水、凍豆腐放入小碗中輕輕拌勻後，再撒上義大利香料。
4. 步驟3的豆腐丁放入預熱至180℃的氣炸烤箱中，烘烤18分鐘即完成。

# R2 Dessert
## 健康甜點來了

豆腐吃膩了嗎？
別急著破戒，還有很多美味點心可以陪伴你

147

# 素食允優格起司

食材
希臘豆乳允優格150克
洋車前子粉（80細目）1.5克

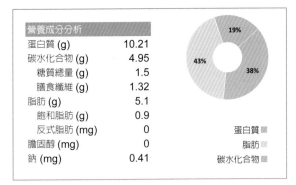

| 營養成分分析 | |
|---|---|
| 蛋白質 (g) | 10.21 |
| 碳水化合物 (g) | 4.95 |
| 糖質總量 (g) | 1.5 |
| 膳食纖維 (g) | 1.32 |
| 脂肪 (g) | 5.1 |
| 飽和脂肪 (g) | 0.9 |
| 反式脂肪 (mg) | 0 |
| 膽固醇 (mg) | 0 |
| 鈉 (mg) | 0.41 |

19%
43%
38%

蛋白質
脂肪
碳水化合物

製作方法
① 在容器中倒入150克的希臘豆乳允優格後，慢慢加入1.5克的洋車前子粉，使用攪拌棒混合均勻。
② 蓋上容器蓋子或覆上保鮮膜後，放入冰箱中冷藏至少12～24小時，等固化即完成。

# 嫣紅美肌纖露飲

食材

新鮮白木耳50克
雪燕5克
檸檬2～3片
氣色美美漂漂茶包1包
雙L益菌糖1包
水400毫升

| 營養成分分析 | |
| --- | --- |
| 蛋白質 (g) | 0.3 |
| 碳水化合物 (g) | 5.63 |
| 　糖質總量 (g) | 0.82 |
| 　膳食纖維 (g) | 6.17 |
| 脂肪 (g) | 0.1 |
| 　飽和脂肪 (g) | 0.02 |
| 　反式脂肪 (mg) | 0 |
| 膽固醇 (mg) | 0 |
| 鈉 (mg) | 3.72 |

91%
5%
4%

蛋白質 ■
脂肪 ▨
碳水化合物 ▤

製作方法

1. 將雪燕放在大碗裡，加入足夠的水，浸泡8小時或過夜。

2. 浸泡好的雪燕，用手輕輕搓洗、去除雜質；白木耳撕成小朵。

3. 在萬用鍋中加入150毫升的水，放入步驟❷的雪燕、白木耳，設定烹煮時間20分鐘。煮好後，放涼備用。

4. 取一小鍋，加入250毫升的水煮開。水滾後，放入氣色美美漂漂茶包，轉中火再煮約3～5分鐘。取出茶包，放涼。

5. 將步驟❸的白木耳、雪燕放入步驟❹的茶中，加入雙L益菌糖和檸檬片，攪拌均勻即完成。

**tips**

雪燕浸發後形似燕窩，深受大眾喜愛；銀耳富含蛋白質、硒質和膳食纖維等營養素成分，有助排便，其中的硒質更具有抗氧化的功效，有助於保護細胞健康。此款飲品結合所有食材的優點，不僅營養豐富，可調理肌膚、平衡氣色和改善膚色，讓人由內而外散發嫣紅的好氣色，同時有潤腸的功能。

蝶豆花富士山

# 蝶豆花富士山&蝶豆花氣泡水

食材

 茶凍模具

蝶豆花3片
寒天2克
檸檬汁1～2滴
檸檬1片
無調味氣泡水或無糖豆漿300毫升
水200毫升

| 營養成分分析 | |
| --- | --- |
| 蛋白質 (g) | 0.01 |
| 碳水化合物 (g) | 1.71 |
| 糖質總量 (g) | 0.02 |
| 膳食纖維 (g) | 1.47 |
| 脂肪 (g) | 0 |
| 飽和脂肪 (g) | 0 |
| 反式脂肪 (mg) | 0 |
| 膽固醇 (mg) | 0 |
| 鈉 (mg) | 1.35 |

1%
99%

蛋白質
脂肪
碳水化合物

製作方法

1. 取一小湯鍋,將200毫升的水煮滾後,加入蝶豆花。

2. 等花的顏色釋出後,將花茶分為兩鍋,每鍋各100毫升,一鍋保留原本的藍色,一鍋加入檸檬汁就會變成紫色。

3. 在步驟❷的兩鍋花茶中,分別加入1克的寒天拌勻後,將茶液倒入想要的模具中,放入冰箱冷藏約8～24小時,使其凝固成蝶豆花茶凍。

4. 取一個喜歡的杯子,放入紫色的蝶豆花茶凍,再放入少量冰塊、一片檸檬與氣泡水,即為一杯漂亮沁涼的氣泡水(如右圖)。

5. 在藍色蝶豆花茶凍中加入無糖豆漿,即是「蝶豆花富士山」(如左圖)。

蝶豆花氣泡水

151

# 健康茶凍＆桂花茶凍

| 營養成分分析 | |
|---|---|
| 蛋白質 (g) | 0.4 |
| 碳水化合物 (g) | 5.58 |
| 　糖質總量 (g) | 0 |
| 　膳食纖維 (g) | 5.14 |
| 脂肪 (g) | 0 |
| 　飽和脂肪 (g) | 0 |
| 　反式脂肪 (mg) | 0 |
| 膽固醇 (mg) | 0 |
| 鈉 (mg) | 26 |

7%
93%

蛋白質 ■
脂肪
碳水化合物 ■

## 食材

無糖綠茶200毫升、洋菜條0.5～1克

## 製作方法

① 無糖綠茶倒入小鍋中，煮滾。

② 在步驟①的鍋中加入洋菜條，攪拌至溶化看不見，大約須煮3～4分鐘。

③ 將綠茶液倒入想要的容器中，放冷藏30分鐘使其加快冷卻，凝固成茶凍。

### tips

◎ 洋菜條使用量越多，成品口感越硬脆。

◎ 先將洋菜絲泡水5分鐘軟化，擠乾水分後再煮，可以有效節省烹煮時間。

◎ 可在步驟②中加入少量桂花，即是「桂花茶凍」。

# 自製豆腐花

| 營養成分分析 | |
|---|---|
| 蛋白質 (g) | 51 |
| 碳水化合物 (g) | 18 |
| 糖質總量 (g) | 7.5 |
| 膳食纖維 (g) | 0 |
| 脂肪 (g) | 25.5 |
| 飽和脂肪 (g) | 4.5 |
| 反式脂肪 (mg) | 0 |
| 膽固醇 (mg) | 0 |
| 鈉 (mg) | 294 |

14%
46%
40%

蛋白質 ■
脂肪 ▨
碳水化合物 ■

**食材**

無糖豆漿1.5升

鹽滷7毫升

**製作方法**

① 在容器中先加入7毫升的鹽滷。

② 慢慢倒入1.5升的無糖豆漿,輕輕拌勻。注意避免大力攪拌,以防止空氣混入。將表面的泡沫撈除。

## 【同場加映】L糖焦糖水

### 食材
雙L益菌糖1包
白開水15毫升

### 製作方法

❶ 開小火，在不沾鍋中將雙L益菌糖炒直到完全融化，且呈現金黃色。

❷ 緩緩倒入白開水至鍋中並快速攪拌均勻，關火即完成。

| 營養成分分析 | |
| --- | --- |
| 蛋白質 (g) | 0.02 |
| 碳水化合物 (g) | 2.9 |
| 糖質總量 (g) | 0.8 |
| 膳食纖維 (g) | 0 |
| 脂肪 (g) | 0 |
| 飽和脂肪 (g) | 0 |
| 反式脂肪 (mg) | 0 |
| 膽固醇 (mg) | 0 |
| 鈉 (mg) | 3 |

1%
99%

蛋白質 ■
脂肪 ■
碳水化合物 ■

❸ 電鍋外鍋中加入3杯水。將裝豆漿的容器放入電鍋中，放一根筷子微微撐開鍋蓋，留一個小縫隙。

❹ 電鍋跳起後，打開鍋蓋，讓豆花自然冷卻約30～60分鐘。在這期間，豆花尚未完全凝固，請不要移動或攪拌，避免凝固失敗。

❺ 待豆花完全凝固後，即可食用。若想增加口感，也可以放入冷藏保存，風味更佳。加入L糖焦糖水，即是「焦糖豆腐花」。

# 手指泡芙

擠花袋1個

| 營養成分分析 | | |
|---|---|---|
| 蛋白質 (g) | 48.42 | |
| 碳水化合物 (g) | 18.32 | |
| 糖質總量 (g) | 4.62 | |
| 膳食纖維 (g) | 0 | |
| 脂肪 (g) | 12.99 | |
| 飽和脂肪 (g) | 4.34 | |
| 反式脂肪 (mg) | 0 | |
| 膽固醇 (mg) | 470.74 | |
| 鈉 (mg) | 339 | |

19%
30%
50%

蛋白質
脂肪
碳水化合物

### 食材

**蛋黃糊** 蛋黃2顆、希臘豆乳允優格20克、MNT®40克、雙L益菌糖3包、無糖豆漿25毫升

**蛋白霜** 蛋白2顆、雙L益菌糖2包

### 製作方法

1. 將雞蛋的蛋白跟蛋黃分開後,分別製作蛋黃糊與蛋白霜。

2. 蛋黃糊:蛋黃加入雙L益菌糖打散後,再加入希臘豆乳允優格、無糖豆漿、已過篩的MNT®,攪拌均勻。

3. 蛋白霜:取一大碗放入蛋白,用攪拌器打至粗泡,加入雙L益菌糖之後,再打發至蛋白霜可形成小彎鉤。

4. 將蛋白霜分兩次加入蛋黃糊內混合均勻後,裝入擠花袋,在鋪好烘焙紙的烤盤上,擠成約手指長度的長條狀。

5. 烤箱預熱130℃放入 4 烤盤,烘烤至上色後,將烤溫調至90℃,一共約烘烤40分鐘。

**tips**

除了手指的長條狀,麵糊可擠為圓形,製成圓形小泡芙。

# MNT鬆餅佐檸檬焦糖汁

## 食材

**蛋黃糊** 蛋黃2顆、MNT®25克、雙L益菌糖3包、無糖豆漿40毫升

**蛋白霜** 蛋白2顆、雙L益菌糖1包、檸檬汁5毫升、

**檸檬焦糖汁** 雙L益菌糖3包、檸檬汁5毫升、水50毫升

| 營養成分分析 | |
|---|---|
| 蛋白質 (g) | 36.63 |
| 碳水化合物 (g) | 24.11 |
| 糖質總量 (g) | 6.21 |
| 膳食纖維 (g) | 0.02 |
| 脂肪 (g) | 12.22 |
| 飽和脂肪 (g) | 4.14 |
| 反式脂肪 (mg) | 0 |
| 膽固醇 (mg) | 470.74 |
| 鈉 (mg) | 202.5 |

40% 6% 54%

蛋白質 ■
脂肪 ■
碳水化合物 ■

## 製作方法

① 將雞蛋的蛋白跟蛋黃分開後,分別製作蛋黃糊與蛋白霜。

② 蛋黃糊:所有材料拌勻後,過篩備用。

③ 蛋白霜:取一大碗放入蛋白,用攪拌器打至粗泡,加入雙L益菌糖之後,再打發至蛋白霜可形成小彎鉤。

④ 將蛋白霜分兩次加入蛋黃糊內,混合均勻。

⑤ 熱鍋後,開最小火,鍋中倒入適量麵糊,蓋上鍋蓋約3分鐘之後再翻面;翻面後,維持最小火,蓋上鍋蓋再煎3分鐘即完成。

⑥ 重複步驟⑤,直到所有麵糊使用完畢。

⑦ 檸檬焦糖汁:將所有材料混合,小火加熱至金黃色起泡即可。

**tips**

煮檸檬焦糖水的加熱過程中,必須持續攪拌,避免燒焦。

# 雞蛋豆漿布丁

**食材**

無糖豆漿250毫升
雞蛋2顆、
雙L益菌糖2-4包
香草籽2克

| 營養成分分析 | |
|---|---|
| 蛋白質 (g) | 22.48 |
| 碳水化合物 (g) | 10.93 |
| 　糖質總量 (g) | 3.09 |
| 　膳食纖維 (g) | 0.33 |
| 脂肪 (g) | 14.02 |
| 　飽和脂肪 (g) | 4.13 |
| 　反式脂肪 (mg) | 32.93 |
| 膽固醇 (mg) | 427.82 |
| 鈉 (mg) | 6 |

17%
35%
48%

蛋白質 ■
脂肪 ■
碳水化合物 ■

**製作方法**

1. 取一大碗，打入雞蛋攪散後，加入無糖豆漿及雙L益菌糖攪勻。

2. 雞蛋豆漿液過篩兩次，加入香草籽拌勻。若表面有泡沫要盡量撇除。

3. 將步驟❸的雞蛋豆漿液倒入模具，放到裝有水深約2公分的深烤盤中，再放入預熱至180℃的氣炸烤箱，以「水浴法」烘烤20分中。

4. 雞蛋豆漿布丁涼透後，放入冷藏至少半小時。

5. 食用時，可先倒扣在盤中，並淋上適量的L焦糖水或直接淋上雙L益菌糖即完成。

**tips**

◎ L糖焦糖水製作（請見155頁）。

◎ 香草籽只能微量使用，用於提味去腥。如果喜歡香草籽的香氣想增加分量，則建議R4階段再食用。

# 鹹蛋黃允優格豆腐起司蛋糕

## 食材

| 餅乾底 | 蛋糕糊 |
|---|---|
| 鹹蛋黃6顆 | 全蛋液80克 |
| MNT®3克 | 嫩豆腐160克 |
| | （盡量擠乾水分） |
| | 希臘豆乳允優格40克 |
| | 雙L益菌糖5包 |
| | 檸檬汁5克 |
| | 純香草醬3克 |

| 營養成分分析 | |
|---|---|
| 蛋白質 (g) | 44.25 |
| 碳水化合物 (g) | 23.64 |
| 糖質總量 (g) | 5.62 |
| 膳食纖維 (g) | 1.01 |
| 脂肪 (g) | 55.77 |
| 飽和脂肪 (g) | 17.45 |
| 反式脂肪 (mg) | 23.95 |
| 膽固醇 (mg) | 2013.44 |
| 鈉 (mg) | 396.15 |

12%
23%
65%

■ 蛋白質
■ 脂肪
■ 碳水化合物

## 製作方法

1. 餅乾底：先把鹹蛋黃壓碎，與過篩的MNT®混合均勻後，將蛋黃餡鋪在烤模底部、壓緊實，放入冰箱冷凍至少20分鐘。
2. 蛋糕糊：先將檸檬汁之外的食材攪拌均勻後，再加入檸檬汁，快速攪拌（如果想要口感更滑順，可過篩一次）。
3. 將步驟2的蛋糕糊倒入步驟1的烤模，放入預熱至180℃的氣炸烤箱中，烘烤20分鐘左右，蛋糕表面金黃上色即完成。

# 豆腐允優格提拉米蘇

食材

嫩豆腐300克

豆乳允優格200克

雙L益菌糖2包

圓形手指泡芙10克

濃縮咖啡液20毫升

可可粉少量

| 營養成分分析 | |
| --- | --- |
| 蛋白質 (g) | 24.74 |
| 碳水化合物 (g) | 17.69 |
| 　糖質總量 (g) | 4.48 |
| 　膳食纖維 (g) | 0.87 |
| 脂肪 (g) | 13.06 |
| 　飽和脂肪 (g) | 3.11 |
| 　反式脂肪 (mg) | 0 |
| 膽固醇 (mg) | 31.38 |
| 鈉 (mg) | 27.6 |

25%
34%
41%

蛋白質 ■
脂肪 ／
碳水化合物 ■

製作方法

1. 嫩豆腐、豆乳允優格、雙L益菌糖攪拌至滑順無顆粒狀,即為慕斯醬。

2. 將一片圓形泡芙沾上適量咖啡液,放入杯中,擠入步驟❶的慕斯醬。(圓形泡芙製作方法,請見157頁)

3. 重複步驟❷,再放一片圓形泡芙與慕斯醬。

4. 依個人喜好及飲食計畫階段,決定是否撒上可可粉。

請注意,可可粉在R3才可以食用!

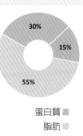

| 營養成分分析 | |
|---|---|
| 蛋白質 (g) | 4.5 |
| 碳水化合物 (g) | 9.23 |
| 　糖質總量 (g) | 2.11 |
| 　膳食纖維 (g) | 0 |
| 脂肪 (g) | 7.57 |
| 　飽和脂肪 (g) | 3.78 |
| 　反式脂肪 (mg) | 0 |
| 膽固醇 (mg) | 0 |
| 鈉 (mg) | 6 |

30%

15%

55%

蛋白質 ■
脂肪 ■
碳水化合物 ■

# 允優格黃金片

| 營養成分分析 | |
|---|---|
| 蛋白質 (g) | 22.48 |
| 碳水化合物 (g) | 10.6 |
| 糖質總量 (g) | 3.09 |
| 膳食纖維 (g) | 0 |
| 脂肪 (g) | 14.02 |
| 飽和脂肪 (g) | 4.13 |
| 反式脂肪 (mg) | 32.93 |
| 膽固醇 (mg) | 427.82 |
| 鈉 (mg) | 6 |

16%
49%
35%

蛋白質 ▓
脂肪 ▓
碳水化合物 ▓

### 食材

**蛋黃糊**
希臘豆乳允優格125克
蛋黃2顆
雙L益菌糖1包

**蛋白霜**
蛋白2顆
雙L益菌糖1包

### 製作方法

1. 蛋黃糊：將所有材料混合拌勻，過篩備用。
2. 蛋白霜：用攪拌器打發蛋白至粗泡時，加入雙L益菌糖，再打發至提起攪拌器時，蛋白霜可形成小彎鉤狀。
3. 將蛋白霜分兩次加入蛋黃糊，混合均勻。
4. 用湯匙舀取適量麵糊至鋪好烘焙紙的烤盤上，略抹平成圓形。
5. 將烤盤放入預熱至170℃的烤箱中，烘烤15分鐘後取出，放涼即完成。

## 【同場加映】巧允之心
## 豆乳允優格巧克力醬

 **tips**

巧克力醬在R4階段才可食用。若R3階段要吃，須請醫師依個人狀況判斷，給出一天的食用量。

### 食材
豆乳允優格100克
100%巧克力10克
雙L益菌糖2包

### 製作方法
1. 將100%巧克力隔水加熱融化。（隔水加熱方式，請見220頁）
2. 巧克力微溫時，加入豆乳允優格及雙L益菌糖，拌勻備用。
3. 取兩片允優黃金片，中間夾入豆乳允優格巧克力醬，可再撒上雙L益菌糖，「巧允之心」即完成。

# 黃金桂花希臘允優格冰淇淋

食材

希臘允優格豆乳酪150克
乾燥桂花2克
雙L益菌糖2包

製作方法

① 將希臘允優格豆乳酪、乾燥桂花和雙L益菌糖放在適合冷凍的容器中,充分混合均勻後,放入冰箱冷凍室。(希臘允優格豆乳酪的製作方式,請見101頁)

② 2小時內,每15分鐘將冰淇淋拿出來攪拌一下,一共重複動作8次之後再放入冷凍室,直到完全結凍即完成。

**tips**

◎ 如果有製冰機,按照製冰機的操作步驟完成即可。

◎ 手工製作冰淇淋時,每15分鐘攪拌一次的步驟,可以使冰淇淋保持柔軟,避免形成冰晶而影響口感與質地。

| 營養成分分析 | |
| --- | --- |
| 蛋白質 (g) | 10.24 |
| 碳水化合物 (g) | 9.4 |
| 糖質總量 (g) | 3.1 |
| 膳食纖維 (g) | 0 |
| 脂肪 (g) | 5.1 |
| 飽和脂肪 (g) | 0.9 |
| 反式脂肪 (mg) | 0 |
| 膽固醇 (mg) | 0 |
| 鈉 (mg) | 6 |

30%
33%
37%

蛋白質 ■
脂肪 ■
碳水化合物 ■

【同場加映】檸檬允優格冰淇淋

食材

希臘允優格豆乳酪150克
檸檬一顆
雙L益菌糖2包

製作方法

檸檬洗淨後,刨取檸檬皮屑。製作方法如黃金桂花希臘允優格冰淇淋,將乾燥桂花換為檸檬皮屑即可。

# MNT豆腐麻糬

食材

希臘豆乳允優格80克

MNT®10克

雙L益菌糖4包

洋車前子粉（80細目）10克

檸檬皮屑3克

檸檬汁5～10毫升

| 營養成分分析 | | |
|---|---|---|
| 蛋白質 (g) | 14.09 | |
| 碳水化合物 (g) | 23.23 | |
| 糖質總量 (g) | 4.09 | |
| 膳食纖維 (g) | 8.78 | |
| 脂肪 (g) | 3.01 | |
| 飽和脂肪 (g) | 0.59 | |
| 反式脂肪 (mg) | 0 | |
| 膽固醇 (mg) | 0 | |
| 鈉 (mg) | 95.7 | |

53% 32% 15%

蛋白質
脂肪
碳水化合物

製作方法

① 取一大碗中，放入希臘豆乳允優格、MNT®、雙L益菌糖、洋車前子粉、檸檬皮屑和檸檬汁，略為攪拌後，用手揉成團。

② 將步驟①的麵團分割成每個8克的小團，搓為圓形小球。

③ 取一小盤、裝少量MNT®，將步驟②的小球表面沾滿MNT®。

④ 將麻糬球擺放到烤盤上時，須預留膨脹的空間，避免沾黏。

⑤ 氣炸烤箱預熱至150℃烤盤放入，烘烤約20分鐘，烤至麻糬球表面微微金黃即完成。

tips

若喜歡較紮實的口感，可用擠乾水分的嫩豆腐取代允希臘豆乳優格。

# 焦糖桂花

**食材**

乾燥桂花6克

雙L益菌糖5包

**製作方法**

① 開小火，在不沾鍋中將雙L益菌糖炒至完全融化。

② 倒入乾燥桂花，迅速拌炒讓桂花均勻地沾滿糖液。

③ 將步驟②的焦糖桂花倒入模具中，趁熱用矽膠刮刀按壓整型。

④ 放入冰箱冷凍約3～4分鐘後，取出切塊，再放入冷凍使其完全變硬即完成。

| 營養成分分析 | |
| --- | --- |
| 蛋白質 (g) | 0.1 |
| 碳水化合物 (g) | 14.5 |
| 　糖質總量 (g) | 4 |
| 　膳食纖維 (g) | 0 |
| 脂肪 (g) | 0 |
| 　飽和脂肪 (g) | 0 |
| 　反式脂肪 (mg) | 0 |
| 膽固醇 (mg) | 0 |
| 鈉 (mg) | 15 |

1%

99%

蛋白質 ■
脂肪 ■
碳水化合物 ■

**tips**

◎ 若有雪花酥模具可以直接使用，或找一個耐熱且方便整型的模具使用即可。

◎ 炒桂花時要特別注意控制火候，避免炒至桂花變黑、發苦。

# 桂花餅乾

食材

MNT®15克

雞蛋1顆

嫩豆腐50克

雙L益菌糖4包

洋車前子粉（80細目）6克

日本白神小玉酵母（麵包機專用）1克

鹽0.5克

| 營養成分分析 | |
|---|---|
| 蛋白質 (g) | 22.15 |
| 碳水化合物 (g) | 19.76 |
| 糖質總量 (g) | 3.67 |
| 膳食纖維 (g) | 5.26 |
| 脂肪 (g) | 6.65 |
| 飽和脂肪 (g) | 2.14 |
| 反式脂肪 (mg) | 16.47 |
| 膽固醇 (mg) | 213.91 |
| 鈉 (mg) | 33.42 |

35% 39% 26%

蛋白質 ■
脂肪 ■
碳水化合物 ■

**tips**

若成品仍軟，可維持110℃的烤溫持續烤至理想的脆度。

製作方法

① 雞蛋打散。

② 嫩豆腐使用攪拌棒打至細緻後，和蛋液、雙L益菌糖一同攪拌至糖完全溶化。

③ 依序將MNT®、洋車前子粉和鹽加入步驟②的混合物中，攪拌均勻。

④ 撒入日本白神小玉酵母粉，攪拌均勻，將麵糊靜置30分鐘成麵糰。

⑤ 取出麵團用擀麵棍將麵團擀得越薄越好，依喜好切成小方塊或使用餅乾模型壓出形狀。

⑥ 將餅乾放在鋪好烘焙紙的烤盤上，放入預熱至140℃的烤箱中。烘烤15分鐘後，取出翻面，並將烤箱溫度調至110℃，繼續烘烤20分鐘，直到熟透即完成。

# MNT古早味蛋糕

 6吋烤模1個

食材
雞蛋3顆
無糖豆漿50毫升
MNT®30克
無糖豆漿粉30克
雙L益菌糖9包
香草莢1根（可省略）
檸檬汁5毫升

tips
◎ 水浴法：若使用活動模具，則須在模具底部包上鋁箔紙，以防止水滲入模具內。
◎ 可將竹籤插入蛋糕中央確認是否烤熟。若竹籤抽出後是乾淨的，即表示蛋糕已熟透。

| 營養成分分析 | |
|---|---|
| 蛋白質 (g) | 61.12 |
| 碳水化合物 (g) | 41.16 |
| 　糖質總量 (g) | 8.38 |
| 　膳食纖維 (g) | 1.68 |
| 脂肪 (g) | 20.57 |
| 　飽和脂肪 (g) | 6.28 |
| 　反式脂肪 (mg) | 49.4 |
| 膽固醇 (mg) | 641.73 |
| 鈉 (mg) | 270 |

28%

31%

41%

蛋白質
脂肪
碳水化合物

製作方法

1　6吋烤模內部鋪好烘焙紙，雞蛋分離為蛋黃和蛋白。

2　香草莢縱切開，用刀背刮出香草籽。

3　蛋黃中加入香草籽先攪拌均勻，再加入無糖豆漿混合。

4　加入過篩的MNT $^{®}$ 及無糖豆漿粉，攪拌至看不見粉。

5　蛋白中加入檸檬汁，用攪拌器以中速打至蛋白呈粗泡時，加入3包雙L益菌糖，再繼續打至蛋白有出痕跡，再倒入3包雙L益菌糖。繼續打至蛋白泡泡痕跡明顯時，加入最後3包雙L益菌糖，打至濕性發泡。也就是提起攪拌器時，蛋白霜可形成小彎勾狀即可。

6　取1/3的打發蛋白混入步驟3的麵糊中，用刮刀以切拌方式攪拌均勻後，再加入剩餘的蛋白，輕輕地翻拌至完全混合。動作要輕柔，避免消泡。

7　將麵糊慢慢倒入烤模後，輕輕敲幾下以排出大氣泡。

8　烤模放入深烤盤中，烤盤中倒入約80°C的熱水，熱水高度約1～2公分，放入預熱至110°C的烤箱中，以水浴法烘烤約50分鐘。

9　取出蛋糕、立刻脫模，放涼即完成。

# R3 Repair
## 增肌補好油

低脂肉類與海鮮來了！
選對動物性蛋白質，加速脂肪代謝

# 泰式檸檬魚

食材

鯛魚片150克

薑20克

蔥20克

檸檬汁30毫升

醬油10毫升

雙L益菌糖半包

蒜15克

辣椒5克

香菜少量

香茅少量

白開水15毫升

| 營養成分分析 | |
|---|---|
| 蛋白質 (g) | 29.51 |
| 碳水化合物 (g) | 13.68 |
| 糖質總量 (g) | 1.92 |
| 膳食纖維 (g) | 2.42 |
| 脂肪 (g) | 5.82 |
| 飽和脂肪 (g) | 2.11 |
| 反式脂肪 (mg) | 39.48 |
| 膽固醇 (mg) | 103.94 |
| 鈉 (mg) | 430.3 |

24%
23%
53%

■ 蛋白質
□ 脂肪
■ 碳水化合物

製作方法

① 薑切片,蔥切小段,辣椒、蒜、香菜切末,香茅切斜片。

② 取小碗,放入檸檬汁、醬油、雙L益菌糖、白開水、蒜末、辣椒末和香菜末後,攪拌均勻,備用。

③ 取一盤子,將檸檬片及鯛魚片放至盤内,放進電鍋,電鍋外鍋加一杯水,按下開關,跳起即可。

④ 將蒸好的鯛魚片淋上步驟②的醬汁,再放上香茅片即完成。

# 甜醬燉鱸魚

**食材**

七星鱸魚150克
蔥15克
薑5克
昆布（乾重）10克
雙L益菌糖1包
醬油10毫升
水150毫升（煮醬用）

| 營養成分分析 | |
|---|---|
| 蛋白質 (g) | 31.83 |
| 碳水化合物 (g) | 10.3 |
| 糖質總量 (g) | 1.1 |
| 膳食纖維 (g) | 3.02 |
| 脂肪 (g) | 2.33 |
| 飽和脂肪 (g) | 0.69 |
| 反式脂肪 (mg) | 0 |
| 膽固醇 (mg) | 88.55 |
| 鈉 (mg) | 431.8 |

22%
11%
67%

蛋白質
脂肪
碳水化合物

**製作方法**

1. 將昆布表面擦乾淨，放入清水內靜置10分鐘泡開，取出備用。
2. 10克的蔥切段，5克的蔥切絲，薑切片，鱸魚切塊。
3. 煮一鍋水，放入蔥段和薑片，水滾後放入魚塊。煮熟後，撈出備用。
4. 取一平底鍋，放入150毫升的水、醬油、雙L益菌糖、泡開的昆布。醬汁煮滾後，將昆布取出。
5. 將鱸魚塊放入步驟❹的醬汁中燉煮，兩面都須燉煮至上色、入味。
6. 盛盤後，放上蔥絲即完成。

tips

想要味道更加濃郁，可以使用步驟 1 的湯汁直接烹煮。

173

# 鮮味蛤蜊

## 食材

文蛤500克　　　蒜10克
蔥20克　　　　水1升
薑10克　　　　鹽20克
辣椒5克　　　　（吐沙用）

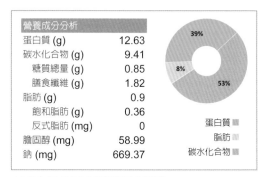

| 營養成分分析 | | |
|---|---:|---|
| 蛋白質 (g) | 12.63 | |
| 碳水化合物 (g) | 9.41 | |
| 　糖質總量 (g) | 0.85 | |
| 　膳食纖維 (g) | 1.82 | |
| 脂肪 (g) | 0.9 | |
| 　飽和脂肪 (g) | 0.36 | |
| 　反式脂肪 (mg) | 0 | |
| 膽固醇 (mg) | 58.99 | |
| 鈉 (mg) | 669.37 | |

蛋白質 ▉
脂肪 ▉
碳水化合物 ▉

★此營養成分分析為去殼後蛤蜊肉重量計算。
　蛤蜊天然含鈉量較高，請依個人飲食需求調整攝取量。

## 製作方法

① 水1升加入鹽巴直到鹽溶解，放入文蛤吐沙2～3小時。

② 蔥切珠，薑切絲，蒜切末，辣椒切斜片，備用。

③ 將吐好沙的文蛤洗淨後，與蒜末、薑絲、一半的蔥花放入電鍋內鍋攪拌均勻。電鍋外鍋放半杯水，按下開關，跳起即可。

④ 盛出文蛤撒上辣椒斜片與剩餘的蔥花，即完成。

### tips

◎ 辣椒及蔥最後再放入，可提升香氣層次。

◎ 文蛤為優質鐵質來源，每100克去殼蛤蜊含有8.2毫克的鐵，有助於預防缺鐵性貧血，且富含維生素B$_{12}$，能維護神經系統健康。對貝類過敏者或是急性痛風患者，建議避免食用。

# 小黃瓜捲豬里肌

**食材**
小黃瓜150克
豬里肌肉片150克

**蒜蓉醬食材**
蒜末10克
醬油10毫升
水10毫升
辣椒末少量

| 營養成分分析 | |
| --- | --- |
| 蛋白質 (g) | 34.62 |
| 碳水化合物 (g) | 6.77 |
| 糖質總量 (g) | 2.2 |
| 膳食纖維 (g) | 2.41 |
| 脂肪 (g) | 8.47 |
| 飽和脂肪 (g) | 3.39 |
| 反式脂肪 (mg) | 0 |
| 膽固醇 (mg) | 102.58 |
| 鈉 (mg) | 428.8 |

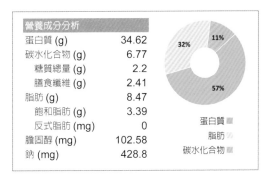

11%
32%
57%

■ 蛋白質
⁄ 脂肪
■ 碳水化合物

**製作方法**

① 將蒜蓉醬食材拌勻，備用。

② 煮一小鍋滾水，將豬里肌肉片燙熟。

③ 小黃瓜用削皮器削成長條薄片，捲起。

④ 將步驟②的肉片捲起，塞入步驟③的小黃瓜捲裡，淋上步驟①的醬汁即完成。

 tips

小黃瓜片先捲起來、排排站好，再把豬肉片捲塞進去，這樣小黃瓜捲就不容易散掉！

# 味噌炒雞肉

## 食材

去皮雞胸肉150克　　味噌5克
荷蘭豆30克　　　　　竹鹽蔬果調味粉1克
彩椒30克　　　　　　（無糖無添加）
蒜10克　　　　　　　水30毫升
雞蛋1顆

| 營養成分分析 | |
|---|---|
| 蛋白質 (g) | 44.64 |
| 碳水化合物 (g) | 10.04 |
| 糖質總量 (g) | 2.31 |
| 膳食纖維 (g) | 2.35 |
| 脂肪 (g) | 8.48 |
| 飽和脂肪 (g) | 2.72 |
| 反式脂肪 (mg) | 25.53 |
| 膽固醇 (mg) | 306.33 |
| 鈉 (mg) | 368.65 |

14%
26%
60%

■ 蛋白質
▨ 脂肪
■ 碳水化合物

## 製作方法

① 荷蘭豆去絲、切斜二段，彩椒去籽、切塊，蒜切片。

② 雞胸肉切成適口小塊，用蛋液醃製約10分鐘～1小時。

③ 水和味噌混合均勻，備用。

④ 熱鍋後，將雞胸肉塊煎至雙面金黃色。煎好後，先推移到鍋側。

⑤ 將步驟①的蔬菜和蒜片入鍋翻炒，加入步驟③的味噌水、竹鹽蔬果調味粉後，拌入雞胸肉塊，繼續炒至所有食材熟透即完成。

如果喜歡白豆干，也可以改為雞胸肉120克+白豆干50克來搭配。

# 千張月亮蝦餅

食材

千張4片　　　　　　MNT®5克
草蝦仁100克　　　　白胡椒粉0.3克
花枝50克　　　　　　鹽0.5克
雞蛋1顆

| 營養成分分析 | |
|---|---|
| 蛋白質 (g) | 34.78 |
| 碳水化合物 (g) | 6.51 |
| 糖質總量 (g) | 0.33 |
| 膳食纖維 (g) | 0.08 |
| 脂肪 (g) | 8.79 |
| 飽和脂肪 (g) | 2.51 |
| 反式脂肪 (mg) | 16.47 |
| 膽固醇 (mg) | 455.37 |
| 鈉 (mg) | 456.36 |

11%
32%
57%

蛋白質
脂肪
碳水化合物

製作方法

1. 將50克的蝦仁、花枝、雞蛋、MNT®、白胡椒粉和鹽巴放入調理機的容杯中,攪打成細緻泥狀後,取出備用。

2. 剩餘的50克蝦仁切成小丁,然後加入到步驟1的蝦泥中拌勻,增加口感。

3. 千張鋪平,均勻塗上一層蝦泥餡料之後,蓋上另一片千張,輕輕地按壓黏合,重複此步驟至材料用完。

4. 在蝦餅的表面用牙籤戳幾個小洞,避免烘烤蝦餅時膨脹。

5. 將蝦餅放入預熱至170℃的氣炸烤箱中,烘烤13分鐘。10分鐘後,將蝦餅翻面、再繼續烘烤至全熟。

6. 取出蝦餅略為放涼後,切片即完成。

香氣與口感十足的月亮蝦餅,很適合作為點心或零食。

# 海苔咖哩雞肉丸

| 營養成分分析 | |
|---|---|
| 蛋白質 (g) | 40.62 |
| 碳水化合物 (g) | 2.15 |
| 糖質總量 (g) | 0.28 |
| 膳食纖維 (g) | 1.37 |
| 脂肪 (g) | 3.97 |
| 飽和脂肪 (g) | 1.04 |
| 反式脂肪 (mg) | 9.06 |
| 膽固醇 (mg) | 92.42 |
| 鈉 (mg) | 266.79 |

17%
4%
79%

蛋白質 ■
脂肪 ▨
碳水化合物 ▨

### 食材
去皮雞胸絞肉150克
MNT®5克
無調味海苔 1張
醬油5毫升
咖哩粉0.5克
孜然粉0.5克
※可依口味增加

### 製作方法
1. 取一大碗，將雞胸絞肉、MNT®、醬油、咖哩粉、孜然粉拌勻後，攪打到絞肉略具黏性。
2. 海苔剪成10小片。
3. 將雞肉餡料平均分成10小顆圓球，每顆約15克，用海苔片包起。
4. 處理好的雞肉丸放入預熱至170℃的氣炸烤箱中，烘烤12分鐘或直到完全熟透即完成。

# 孜然雞串燒

 304不鏽鋼烤肉叉3支

食材

去皮雞胸肉150克
彩椒60克
孜然粉3克
白胡椒粉少量
紅椒粉少量
鹽0.5克

| 營養成分分析 | |
| --- | --- |
| 蛋白質 (g) | 36.11 |
| 碳水化合物 (g) | 5.13 |
| 糖質總量 (g) | 0.28 |
| 膳食纖維 (g) | 2.36 |
| 脂肪 (g) | 4.14 |
| 飽和脂肪 (g) | 0.98 |
| 反式脂肪 (mg) | 9.06 |
| 膽固醇 (mg) | 92.42 |
| 鈉 (mg) | 204.13 |

18% 10% 72%

蛋白質 ■
脂肪 ▨
碳水化合物 ■

製作方法

① 雞胸肉、彩椒切成適口小塊。

② 取一小碗，先將孜然粉、白胡椒粉、紅椒粉、鹽混合後，把雞肉塊均勻裹上調味粉，裝入加蓋容器中、放冰箱醃製至少1小時。

③ 將醃好的雞肉塊、彩椒塊依序串起，每根籤子串3～4塊。

④ 將雞肉串放入預熱至180℃的氣炸烤箱中，烘烤約8分鐘時，翻面再繼續烘烤，2分鐘後，將溫度調高至200℃，再烘烤5分鐘即完成

要把食材鑲滿
番茄盅裡！

# 番茄雞肉鮮蔬盅

食材

| | |
|---|---|
| 板豆腐50克 | 蒜5克 |
| 大番茄1顆 | 百里香葉少量 |
| 雞胸肉80克 | 洋蔥15克 |
| 鮮香菇10克 | 鹽少量 |
| 紅甜椒10克 | 新鮮百里香1根 |

| 營養成分分析 | |
|---|---|
| 蛋白質 (g) | 25.16 |
| 碳水化合物 (g) | 11.75 |
| 糖質總量 (g) | 4.48 |
| 膳食纖維 (g) | 2.46 |
| 脂肪 (g) | 4.21 |
| 飽和脂肪 (g) | 0.98 |
| 反式脂肪 (mg) | 4.83 |
| 膽固醇 (mg) | 49.29 |
| 鈉 (mg) | 196.3 |

25%
21%
54%

蛋白質
脂肪
碳水化合物

製作方法

1. 將大番茄上端蒂頭平切，挖出果肉。先在番茄盅內加少量鹽，讓其先出水。果肉另外裝起，備用。

2. 板豆腐擠乾水分後，捏成碎末；雞胸肉剁成末；鮮香菇、紅甜椒切小丁；蒜、洋蔥切末。

3. 熱鍋後，倒入板豆腐、香菇丁、甜椒丁、蒜末及洋蔥末炒香，再加入挖出的蕃茄果肉拌炒至收汁後，放涼備用。

4. 取一大碗，放入雞胸肉末、鹽及百里香葉充分攪勻，再加入步驟❸的食材。

5. 將步驟❹的所有食材，填入蕃茄盅內，放入預熱至140℃的氣炸烤箱中，烘烤15分鐘後，調高溫度至190℃ 再烘烤5分鐘。

6. 盛盤後，放上新鮮百里香即完成。

# 手打雞肉豆腐排

 8公分法式塔圈1個
10×10公分的饅頭紙3張

## 食材

去皮雞胸絞肉200克　　鹽1克
板豆腐50克　　　　　黑胡椒少量
鮮香菇15克　　　　　義大利香料少量
雞蛋1顆

| 營養成分分析 | | |
|---|---|---|
| 蛋白質 (g) | 58.51 | |
| 碳水化合物 (g) | 2.97 | |
| 　糖質總量 (g) | 0.67 | |
| 　膳食纖維 (g) | 0.57 | |
| 脂肪 (g) | 11.48 | |
| 　飽和脂肪 (g) | 3.36 | |
| 　反式脂肪 (mg) | 28.55 | |
| 膽固醇 (mg) | 337.14 | |
| 鈉 (mg) | 392.6 | |

30%　3%
67%

蛋白質 ■
脂肪 ■
碳水化合物 ■

## 製作方法

1. 香菇切小丁後，先炒熟，放涼備用。

2. 板豆腐去水處理。

3. 在大碗中加入雞胸絞肉、板豆腐、炒熟的香菇、雞蛋及調味料，攪拌混合至有黏性。（此步驟可手工操作或使用攪拌器均可。）

4. 準備一張饅頭紙，將塔圈放在饅頭紙上，取80克混合物放入塔圈中，壓平後脫模。

5. 熱鍋後，放入手打雞肉豆腐排，煎至雙面金黃色，每面約需3分鐘，直到熟透。若筷子插入肉排有透明肉汁流出，表示已熟透。

 tips

建議一次製作較多的量，想吃的時候隨時可以取用。

# 蔥肉千張R餃

## 食材

去皮雞胸絞肉300克
蔥60克或蒜苗60克
鮮香菇50克
紅甜椒20克
雞蛋1顆

薑5克
千張4張
五香粉1克
白胡椒1克
鹽2克
醬油15毫升

| 營養成分分析 | |
|---|---|
| 蛋白質 (g) | 88.71 |
| 碳水化合物 (g) | 14.59 |
| 糖質總量 (g) | 2.71 |
| 膳食纖維 (g) | 4.44 |
| 脂肪 (g) | 14.81 |
| 飽和脂肪 (g) | 4.16 |
| 反式脂肪 (mg) | 34.59 |
| 膽固醇 (mg) | 398.76 |
| 鈉 (mg) | 1649.78 |

24% 11%

65%

蛋白質 ■
脂肪 ▨
碳水化合物 ▨

## 製作方法

① 蔥或蒜苗、鮮香菇、紅甜椒切末,薑磨成泥。

② 熱鍋後,放入香菇末炒香、放涼。

③ 分離蛋白和蛋黃後,打散的蛋黃之後用來黏合千張。

④ 將蛋白和所有食材混合,攪打至有黏性。

⑤ 把每一張千張裁成4等份,一共會備有16片小千張。

⑥ 取一片小千張,於粗糙面中央放上步驟④的混合餡料
　20克,在千張的邊緣塗上蛋黃液,像包餃子一樣完成封口。

⑦ 重複步驟⑥至材料使用完為止。

⑧ 將千張煎餃放入不沾鍋中,煎約4～5分鐘,直至餡料完全熟透即完成。

**tips**

依自己喜歡的口味,蔥或蒜擇一使用;包千張的方式可根據個人喜好調整,也可以包成鍋貼。

# 香菇鑲肉

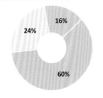

| 營養成分分析 | |
|---|---|
| 蛋白質 (g) | 47.1 |
| 碳水化合物 (g) | 12.56 |
| 　糖質總量 (g) | 2.18 |
| 　膳食纖維 (g) | 4.23 |
| 脂肪 (g) | 8.38 |
| 　飽和脂肪 (g) | 2.66 |
| 　反式脂肪 (mg) | 25.53 |
| 膽固醇 (mg) | 306.33 |
| 鈉 (mg) | 635.3 |

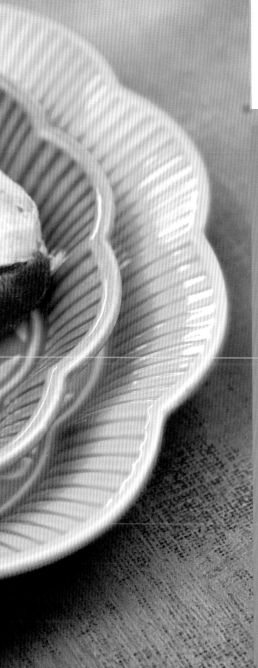

16%
24%
60%

蛋白質
脂肪
碳水化合物

### 食材

去皮雞胸絞肉150克
大朵鮮香菇10朵
雞蛋1顆
蔥20克
薑5克
MNT®少量（依稠度調整）
鹽0.5克
醬油5毫升
白胡椒粉少量

### 淋醬

醬油5毫升
檸檬汁10毫升
雙L益菌糖半包
白開水50毫升

### 製作方法

➊ 香菇切下的蒂頭、蔥、薑切末。

➋ 雞胸絞肉、香菇蒂頭末、蔥末、薑末、雞蛋一起攪拌至有黏性。

➌ 香菇菌褶處撒一點MNT®幫助黏合，將步驟➋的肉餡鑲滿菌褶。

➍ 將做好的香菇鑲肉擺在盤子上，放入電鍋內，外鍋加入半杯水，按下開關，跳起後即可。

➎ 另取一小碗，放入醬油、檸檬汁、雙L益菌糖、白開水和蒸香菇鑲肉的湯汁，混合拌勻後，淋在香菇鑲肉上即完成。

**tips**

可以額外準備彩椒100克，切小丁。淋醬汁之前，將彩椒丁沿著香菇鑲肉旁邊鋪滿，為這道料理增加纖維量及風味。

# 雞肉拌三絲

**食材**

去皮雞胸肉150克
茭白筍100克
青椒50克
紅甜椒50克
薑10克
無糖無添加竹鹽蔬果調味粉2克
水20毫升

| 營養成分分析 | |
|---|---|
| 蛋白質 (g) | 37.89 |
| 碳水化合物 (g) | 11.68 |
| 　糖質總量 (g) | 3.19 |
| 　膳食纖維 (g) | 4.7 |
| 脂肪 (g) | 3.83 |
| 　飽和脂肪 (g) | 1.17 |
| 　反式脂肪 (mg) | 9.06 |
| 膽固醇 (mg) | 92.42 |
| 鈉 (mg) | 322 |

20%
15%
65%

蛋白質 ■
脂肪 ■
碳水化合物 ■

**製作方法**

1. 雞胸肉放入電鍋內鍋，外鍋加半杯水，按下開關，跳起即可。
2. 煮好後，將雞胸肉取出並放入食物保鮮袋中，用擀麵棍輕輕壓，使其平坦，取出並撕成絲狀。
3. 茭白筍去皮，切絲；青椒和紅甜椒去籽後，切絲；薑切末。
4. 熱鍋後，加入水和薑末炒香，再加入茭白筍絲，炒至筍稍微變軟。
5. 加入青椒絲、紅甜椒絲和雞胸肉絲，繼續翻炒均勻。
6. 以竹鹽蔬果調味粉調味，翻炒至入味即完成。

# 腐竹豆包客家小炒

**食材**

白豆干50克
豆包25克
生腐竹25克
豬里肌肉50克
魷魚35克
芹菜50克

白胡椒粉少量
醬油10毫升
水10毫升

| 營養成分分析 | |
|---|---|
| 蛋白質 (g) | 43.17 |
| 碳水化合物 (g) | 6.72 |
| 　糖質總量 (g) | 0.35 |
| 　膳食纖維 (g) | 0.92 |
| 脂肪 (g) | 19.35 |
| 　飽和脂肪 (g) | 4.21 |
| 　反式脂肪 (mg) | 1.13 |
| 膽固醇 (mg) | 101.76 |
| 鈉 (mg) | 429.16 |

7%
47%
46%

蛋白質
脂肪
碳水化合物

**製作方法**

1. 白豆干切長條薄片，豆包切片，生腐竹、豬里肌切絲，魷魚切段，芹菜切段。
2. 熱鍋後，將白豆干片乾炒至表面金黃，盛出備用。
3. 豬里肌肉絲、魷魚段依序下鍋炒至八分熟，加入步驟②的豆干片後，再放入豆包片、腐竹絲、芹菜段翻炒至熟透。
4. 起鍋前，加入醬油、水、白胡椒粉略為翻炒即完成。

# 七味豬里肌

**食材**

豬里肌肉片150克
美白菇100克
蔥20克
蒜10克
雞蛋1顆
七味粉少量
無糖無添加竹鹽蔬果調味粉1克
水20毫升

| 營養成分分析 | |
|---|---|
| 蛋白質 (g) | 42 |
| 碳水化合物 (g) | 12.03 |
| 糖質總量 (g) | 2.98 |
| 膳食纖維 (g) | 3.37 |
| 脂肪 (g) | 13.53 |
| 飽和脂肪 (g) | 5.13 |
| 反式脂肪 (mg) | 16.47 |
| 膽固醇 (mg) | 316.49 |
| 鈉 (mg) | 161 |

14%
36%
50%

■ 蛋白質
脂肪
■ 碳水化合物

**製作方法**

1. 蔥切段，蒜切末，美白菇剝小朵。
2. 豬里肌肉片與蛋液略為抓拌後，醃製10分鐘。
3. 熱鍋後，加入水和蒜末炒香。
4. 放入步驟2的豬里肌肉片煎至約七分熟後，加入美白菇拌炒。
5. 加入蔥段、竹鹽蔬果調味粉與七味粉，拌炒至豬肉片全熟即完成。

# 龍鬚菇肉片

食材

龍鬚菜100克

鮮香菇50克

豬里肌肉150克

蒜10克

醬油5毫升

水15毫升

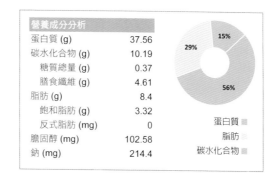

| 營養成分分析 | |
|---|---|
| 蛋白質 (g) | 37.56 |
| 碳水化合物 (g) | 10.19 |
| 糖質總量 (g) | 0.37 |
| 膳食纖維 (g) | 4.61 |
| 脂肪 (g) | 8.4 |
| 飽和脂肪 (g) | 3.32 |
| 反式脂肪 (mg) | 0 |
| 膽固醇 (mg) | 102.58 |
| 鈉 (mg) | 214.4 |

15%
29%
56%

蛋白質
脂肪
碳水化合物

製作方法

1. 鮮香菇去蒂頭後,切片。龍鬚菜切段,蒜切末,豬里肌肉切絲。

2. 熱鍋後,先將豬里肌肉絲炒至八分熟,再加入蒜末炒香。

3. 放入鮮香菇片與龍鬚菜,炒至全熟。

4. 起鍋前,加入醬油及水拌炒即完成。

**tips**

蔬菜與肉分開料理,能讓食材保有最佳的鮮度,
調味也是最後再下即可。

# 蝦仁芥藍壽司飯佐
# 手調義式塔塔醬

| 營養成分分析 | |
|---|---|
| 蛋白質 (g) | 18.8 |
| 碳水化合物 (g) | 37.23 |
| 　糖質總量 (g) | 0.27 |
| 　膳食纖維 (g) | 4.7 |
| 脂肪 (g) | 2.04 |
| 　飽和脂肪 (g) | 0.52 |
| 　反式脂肪 (mg) | 0 |
| 膽固醇 (mg) | 180.48 |
| 鈉 (mg) | 197.3 |

61%　31%　8%

■ 蛋白質
■ 脂肪
■ 碳水化合物

**壽司飯食材**

熟發芽玄米飯80克　　海鹽0.5克

芥藍菜150克　　　　雙L益菌糖1克

蝦仁150克　　　　　低溫烘焙熟白芝麻少量

黑胡椒粒少量　　　　無糖無添加蘋果醋10毫升

壽司飯製作方法

❶ 芥藍菜切段,蝦仁去除腸泥。

❷ 準備一鍋滾水,川燙芥藍菜1分鐘後,撈起、放涼。同一鍋川燙蝦仁至完全變色後,撈起、備用。

❸ 取一小碗,放入蘋果醋與雙L益菌糖拌勻至糖溶化後,將糖醋汁倒入煮熟的發芽玄米飯中,輕輕地翻拌均勻,做成壽司飯。

❹ 把芥藍菜鋪在壽司飯上,均勻撒上一些海鹽,再將蝦仁放在芥藍菜上面。

❺ 最後,撒上黑胡椒粒與熟白芝麻即完成。

塔塔醬食材

水煮蛋2顆、豆乳允優格30克、MNT®5克、鹽巴0.3克、黑胡椒粉少量、義大利香料少量

塔塔醬製作方法

❶ 將水煮蛋的蛋黃、蛋白分離後,蛋白切小丁,蛋黃搗碎。

❷ 將碎蛋黃、豆乳允優格、MNT®攪拌至泥狀。若覺得太稀,可依個人喜好增加MNT®做調整。

❸ 加入蛋白丁及調味料,充分拌勻之後即完成。

**tips**

喜歡清爽口味的讀者,可單獨製作蝦仁芥藍壽司飯,塔塔醬能增添不同風味及層次,可依個人喜好搭配。

| 營養成分分析 | |
|---|---|
| 蛋白質 (g) | 19.26 |
| 碳水化合物 (g) | 2.24 |
| 糖質總量 (g) | 0.17 |
| 膳食纖維 (g) | 0 |
| 脂肪 (g) | 9.87 |
| 飽和脂肪 (g) | 3.22 |
| 反式脂肪 (mg) | 0 |
| 膽固醇 (mg) | 383.24 |
| 鈉 (mg) | 158.28 |

5%
51%
44%

蛋白質
脂肪
碳水化合物

★特別提醒

此道料理,主要是教大家調製塔塔醬,允優格製作的塔塔醬從R2開始就可以吃,搭配海鮮尤佳。蝦仁芥藍壽司飯,只要不料理米飯部分,即為R3餐,R4餐則同食材,加入熟發芽玄米飯80克。營養成分分析已包含玄米飯。

191

# 蒜香海鮮櫛瓜麵

食材
櫛瓜200克
蝦仁100克
花枝50克
蒜10克
辣椒5克
鹽0.5克
無糖無添加竹鹽蔬果調味粉1克
黑胡椒粉0.2克
白胡椒粉少量
水20毫升

| 營養成分分析 | |
|---|---|
| 蛋白質 (g) | 20.41 |
| 碳水化合物 (g) | 9.47 |
| 糖質總量 (g) | 0.24 |
| 膳食纖維 (g) | 3.08 |
| 脂肪 (g) | 0.72 |
| 飽和脂肪 (g) | 0.26 |
| 反式脂肪 (mg) | 0 |
| 膽固醇 (mg) | 216.84 |
| 鈉 (mg) | 357.43 |

30%
5%
65%

蛋白質
脂肪
碳水化合物

製作方法
① 用蔬果削鉛筆機將櫛瓜削成麵條狀。蒜切末，辣椒切斜片。
② 將蝦子及花枝處理後，花枝切圈。
③ 熱鍋後，放入水跟蒜末炒香。
④ 倒入蝦子及花枝塊炒熟後，放入櫛瓜麵、辣椒片翻拌。
⑤ 加入鹽、黑胡椒粉、白胡椒粉、竹鹽蔬果調味粉調味，拌勻即完成。

# 快樂打拋豬

**食材**

豬里肌肉100克
大番茄50克
九層塔10克
蒜10克
醬油10毫升
水10毫升

| 營養成分分析 | |
| --- | --- |
| 蛋白質 (g) | 23.31 |
| 碳水化合物 (g) | 5.59 |
| 糖質總量 (g) | 1.2 |
| 膳食纖維 (g) | 1.26 |
| 脂肪 (g) | 5.52 |
| 飽和脂肪 (g) | 2.24 |
| 反式脂肪 (mg) | 0 |
| 膽固醇 (mg) | 68.39 |
| 鈉 (mg) | 428.8 |

14%
30%
56%

蛋白質 ▨
脂肪 ▨
碳水化合物 ▨

**製作方法**

1. 豬里肌肉剁碎，大番茄切丁，蒜切末。
2. 熱鍋後，放入肉末、蒜末炒至八分熟。
3. 倒入番茄丁拌炒至番茄出水。
4. 加入醬油及水繼續翻炒至略收汁。
5. 起鍋前，加入九層塔翻拌即完成。

喜歡吃辣的人，可加入辣椒末一起拌炒。

# 瑤柱冬瓜盅

**食材**

冬瓜150克
小干貝100克
薑15克
鹽0.5克
水500毫升

| 營養成分分析 | |
| --- | --- |
| 蛋白質 (g) | 13.27 |
| 碳水化合物 (g) | 5.92 |
| 　糖質總量 (g) | 2.1 |
| 　膳食纖維 (g) | 1.87 |
| 脂肪 (g) | 0.53 |
| 　飽和脂肪 (g) | 0.12 |
| 　反式脂肪 (mg) | 0 |
| 膽固醇 (mg) | 37.95 |
| 鈉 (mg) | 196.3 |

29%
6%
65%

蛋白質
脂肪
碳水化合物

**製作方法**

1　冬瓜去皮、去籽後，切大塊；薑切絲。

2　取一湯鍋，將水煮滾後，放入薑絲與冬瓜塊燉煮，煮至冬瓜呈現半透明狀後，再加入小干貝煮熟。

3　出鍋前，以鹽巴調味即完成。

# 自製手工魚紙

**食材**

旗魚50克

鯛魚50克

雙L益菌糖6包

辣椒粉0.5克

十三香調味粉0.4克

鹽0.3克

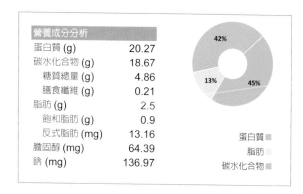

| 營養成分分析 | |
|---|---|
| 蛋白質 (g) | 20.27 |
| 碳水化合物 (g) | 18.67 |
| 　糖質總量 (g) | 4.86 |
| 　膳食纖維 (g) | 0.21 |
| 脂肪 (g) | 2.5 |
| 　飽和脂肪 (g) | 0.9 |
| 　反式脂肪 (mg) | 13.16 |
| 膽固醇 (mg) | 64.39 |
| 鈉 (mg) | 136.97 |

42%
13%　45%

■ 蛋白質
◫ 脂肪
■ 碳水化合物

**製作方法**

1. 將旗魚及鯛魚放入調理機的容杯中，攪打成泥後，加入所有調味料拌勻。

2. 在烘焙紙上，倒入步驟❶的魚泥，再蓋上一層烘焙紙後，用擀麵棍壓平魚泥，厚度約0.2公分即可。

3. 將壓平的魚泥放入預熱至75℃的氣炸烤箱中，烘烤30分鐘後，取出魚紙。

4. 熱鍋後，以小火慢煎魚紙，每面約煎2分鐘，等魚紙出現氣泡即完成。

# R4 Recode
# 編碼新定點

開始加入抗性澱粉，讓菌相更加豐富，
加速肌肉合成

197

# 蘆筍藜麥山藥沙拉

## 食材
紫山藥80克
熟藜麥40克
蘆筍200克
生腰果10克
蒜1克
嫩豆腐20克
無糖無添加蘋果醋5毫升

| 營養成分分析 | |
|---|---|
| 蛋白質 (g) | 12.88 |
| 碳水化合物 (g) | 40.26 |
| 　糖質總量 (g) | 4.28 |
| 　膳食纖維 (g) | 4.91 |
| 脂肪 (g) | 6.77 |
| 　飽和脂肪 (g) | 1.4 |
| 　反式脂肪 (mg) | 0 |
| 膽固醇 (mg) | 0 |
| 鈉 (mg) | 0 |

59% 19% 22%

蛋白質 ■
脂肪 ▨
碳水化合物 ■

## 製作方法
① 紫山藥去皮後、切小塊，放入電鍋內鍋，外鍋加半杯水，按下開關，跳起即可。
② 蘆筍切成約2公分的小段後，川燙約1分鐘，撈出、瀝乾。
③ 將生腰果、蒜、嫩豆腐、蘋果醋放入調理機的容杯中，以高速攪打至均勻。
④ 取一大碗，將紫山藥、熟藜麥和蘆筍混合好，再淋上步驟③的沙拉醬，輕輕拌勻即可。

# 金針山藥蒜香盅

**食材**

白山藥100克

乾香菇10克

乾金針花10克

蒜15克

鹽0.5克

水400毫升

| 營養成分分析 | |
| --- | --- |
| 蛋白質 (g) | 6.76 |
| 碳水化合物 (g) | 32.11 |
| 糖質總量 (g) | 0.75 |
| 膳食纖維 (g) | 5.79 |
| 脂肪 (g) | 0.38 |
| 飽和脂肪 (g) | 0.08 |
| 反式脂肪 (mg) | 0 |
| 膽固醇 (mg) | 0 |
| 鈉 (mg) | 196.3 |

81%　17%　2%

蛋白質 ▨
脂肪 ◹
碳水化合物 ▨

**製作方法**

1. 山藥去皮切塊，剝除蒜皮。

2. 乾香菇、金針花泡開後，擠乾水分。

3. 取一湯鍋，加水煮開，放入所有食材後，再次煮滾即完成。

此道湯品不加鹽巴亦可，可視個人口味調整。

# 藜麥爽口三色飯

## 食材

冷凍毛豆仁50克　　　黑胡椒0.3克
三色藜麥40克　　　　白胡椒少量
鹽0.3克　　　　　　　水40毫升
蒜3克

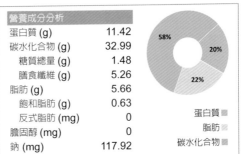

| 營養成分分析 | |
| --- | --- |
| 蛋白質 (g) | 11.42 |
| 碳水化合物 (g) | 32.99 |
| 　糖質總量 (g) | 1.48 |
| 　膳食纖維 (g) | 5.26 |
| 脂肪 (g) | 5.66 |
| 　飽和脂肪 (g) | 0.63 |
| 　反式脂肪 (mg) | 0 |
| 　膽固醇 (mg) | 0 |
| 鈉 (mg) | 117.92 |

58% 20% 22%

蛋白質
脂肪
碳水化合物

## 製作方法

1. 三色藜麥洗淨、瀝乾後，放入碗中，加入40毫升的水。將碗放入電鍋後，電鍋外鍋加半杯水，按下開關，跳起即可。

2. 蒜切末，冷凍毛豆仁退凍。

3. 熱鍋後，放入蒜末炒香，再加入三色藜麥、毛豆仁及調味料，炒拌均勻即完成。

### tips

◎ 若改用蒜粉，可以直接將所有食材及調味料混合拌勻即可。不過，用新鮮的蒜末炒過之後，會讓整道料理香氣更足夠。

◎ 藜麥是高蛋白質穀物，其蛋白質含量占乾重的16.5%，超越多數穀物。富含膳食纖維、必需脂肪酸（亞麻油酸和次亞麻酸）及礦物質（特別是鐵、鎂和鋅）。藜麥同時是維生素B群和葉酸的優質來源，並含有抗氧化劑槲皮素和山奈酚，有助於減少自由基對身體的危害。無麩質特性使其成為含麩質食品的理想替代品。

◎ 毛豆是未成熟的黃豆，豐含蛋白質及膳食纖維與多種抗氧化物質，如皂素、植酸、異黃酮、花青素和卵磷脂。異黃酮的結構類似於雌激素，有助於減輕更年期症狀，如潮熱和失眠。

# 青醬松子櫛瓜麵

食材

櫛瓜200克

青醬少量

松子少量

| 營養成分分析 | |
|---|---|
| 蛋白質 (g) | 6.48 |
| 碳水化合物 (g) | 5.68 |
| 　糖質總量 (g) | 0.26 |
| 　膳食纖維 (g) | 3.06 |
| 脂肪 (g) | 4.37 |
| 　飽和脂肪 (g) | 0.38 |
| 　反式脂肪 (mg) | 0 |
| 膽固醇 (mg) | 0 |
| 鈉 (mg) | 118.78 |

26%
29%
45%

蛋白質 ■
脂肪 ■
碳水化合物 ■

製作方法

① 使用蔬果削鉛筆機,將櫛瓜削成麵條狀。

② 淋上青醬後輕輕翻拌,讓櫛瓜麵均勻裹滿醬汁即完成。(青醬製作方法,請見95頁)

 tips

青醬用量可按口味調整,先加少量,逐步增至理想風味。

# 酪梨玫瑰佐蒜香豆腐

| 營養成分分析 | |
| --- | --- |
| 蛋白質 (g) | 20.39 |
| 碳水化合物 (g) | 12.07 |
| 　糖質總量 (g) | 1.4 |
| 　膳食纖維 (g) | 5.01 |
| 脂肪 (g) | 15.36 |
| 　飽和脂肪 (g) | 3.45 |
| 　反式脂肪 (mg) | 0 |
| 膽固醇 (mg) | 0 |
| 鈉 (mg) | 428.8 |

18%
30%
52%

蛋白質 ■
脂肪 ◨
碳水化合物 ■

### 食材

板豆腐200克
酪梨80克
蒜10克
醬油10毫升
白開水20毫升

### 製作方法

❶ 板豆腐去水後，切成5×5公分的大塊。蒜切末。

❷ 酪梨切半，去籽、去皮後，切成0.2公分的薄片，用手斜著推成一長條，小心地往內捲為玫瑰花造型。

❸ 取一小碗，放入醬油、白開水和蒜末，攪拌均勻。

❹ 將豆腐跟酪梨玫瑰裝盤後，均勻淋上步驟❸的蒜香醬汁即完成（也可以不淋醬，蘸著吃）。

# 黑胡椒波特菇

**食材**

波特菇2朵

馬鈴薯泥80克

紅甜椒20克

熟毛豆仁5克

白胡椒粉0.2克

海鹽0.5克

黑胡椒0.2克

無糖無添加竹鹽蔬果調味粉1克

小茴香粉0.3克

水10毫升

| 營養成分分析 | |
|---|---|
| 蛋白質 (g) | 8.26 |
| 碳水化合物 (g) | 21.61 |
| 糖質總量 (g) | 2.22 |
| 膳食纖維 (g) | 7.06 |
| 脂肪 (g) | 0.49 |
| 飽和脂肪 (g) | 0.07 |
| 反式脂肪 (mg) | 0 |
| 膽固醇 (mg) | 0 |
| 鈉 (mg) | 358.27 |

70% 27% 3%

蛋白質
脂肪
碳水化合物

**製作方法**

1. 波特菇的菇蒂和紅甜椒切成小丁。馬鈴薯去皮,切成小塊後蒸熟,搗成馬鈴薯泥。

2. 鍋中放入紅甜椒丁和熟毛豆仁及水,開中火炒香,以黑胡椒、竹鹽蔬果調味粉調味炒勻。

3. 把馬鈴薯泥加入鍋中,與其他食材混合均勻之後,加入小茴香粉,炒至味道融合。

4. 取出鍋中的餡料,均勻填到波特菇的菌褶中。將波特菇放入預熱至180℃的氣炸烤箱,烘烤20分鐘或至表面金黃即完成。

# 宮保豆腐

## 食材

板豆腐200克
青椒100克
紅辣椒5克
紅椒粉1克
腰果5顆
竹鹽蔬果調味粉1克
（無糖無添加）

醬油5毫升
烏醋5毫升
（無糖無添加）
MNT®2克
鹽1克

| 營養成分分析 | |
|---|---|
| 蛋白質 (g) | 23.1 |
| 碳水化合物 (g) | 14.43 |
| 　糖質總量 (g) | 4 |
| 　膳食纖維 (g) | 3.92 |
| 脂肪 (g) | 14.37 |
| 　飽和脂肪 (g) | 2.94 |
| 　反式脂肪 (mg) | 0 |
| 膽固醇 (mg) | 0 |
| 鈉 (mg) | 392.6 |

21%
33%
46%

蛋白質
脂肪
碳水化合物

## 製作方法

1. 取一小鍋，加入鹽1克及適量的水煮滾後，將板豆腐切成適口小丁放入川燙約30秒。撈起後，瀝乾水分。

2. 紅辣椒切段，青椒切小塊。

3. 將步驟❶的豆腐丁放入預熱至200℃的氣炸烤箱中，烘烤15分鐘，直到表面略微金黃。

4. 取一小碗，放入竹鹽蔬果調味粉、醬油、烏醋和MNT®混合均勻，製成調味醬汁。

5. 熱鍋後，先將紅辣椒段、青椒塊和紅椒粉炒香，再加入步驟❸氣炸好的豆腐丁翻炒。

6. 將步驟❹的醬汁加入鍋中持續翻炒，讓豆腐丁吸收醬汁。

7. 起鍋前，放入腰果略為拌炒即完成。

### tips

◎ 不嗜辣者，可先將紅辣椒去籽，並依個人口味調整辣椒的分量。

◎ 不喜腰果者，可用15克的花生來取代腰果。如果不放堅果類，這道料理R2階段就可以吃。

# 鷹嘴豆泥佐豆腐脆餅

| 營養成分分析 | 鷹嘴豆泥 |
|---|---|
| 蛋白質 (g) | 13.18 |
| 碳水化合物 (g) | 27.11 |
| 糖質總量 (g) | 1.39 |
| 膳食纖維 (g) | 7.88 |
| 脂肪 (g) | 5.15 |
| 飽和脂肪 (g) | 0.98 |
| 反式脂肪 (mg) | 0 |
| 膽固醇 (mg) | 0 |
| 鈉 (mg) | 196.3 |

52%　26%　22%

蛋白質
脂肪
碳水化合物

### 食材

**鷹嘴豆泥食材**

熟鷹嘴豆80克

熟毛豆仁少量（50克以內）

彩椒10克

小黃瓜10克

義大利香料少量

鹽0.5克

水少量

**豆腐脆餅食材**

板豆腐200克

義大利香料少量

### 鷹嘴豆泥製作方法

1. 小黃瓜、彩椒切丁。
2. 熟鷹嘴豆加水，放入調理機的容杯中打成泥後，加入義大利香料和鹽拌勻，倒出盛盤。
3. 在步驟❷的盤中加入小黃瓜丁、彩椒丁、熟毛豆仁即完成。

### 豆腐脆餅製作方法

1. 板豆腐擠乾水分後，放入調理機的容杯中打成泥，加入義大利香料拌勻。
2. 在烘焙紙上，將步驟❶的豆腐泥鋪成薄片，越薄越好。
3. 將烘焙紙放進微波爐，以中火加熱10～15分鐘即完成。

| 營養成分分析 | 豆腐脆餅 |
|---|---|
| 蛋白質 (g) | 17.69 |
| 碳水化合物 (g) | 3.74 |
| 糖質總量 (g) | 0.6 |
| 膳食纖維 (g) | 0 |
| 脂肪 (g) | 9.29 |
| 飽和脂肪 (g) | 1.67 |
| 反式脂肪 (mg) | 0 |
| 膽固醇 (mg) | 0 |
| 鈉 (mg) | 0 |

9%　42%　49%

蛋白質
脂肪
碳水化合物

# 紫菜黑米糕

**食材**
黑米（黑糙米）150克
紫菜10克
鹽0.5克
水320毫升
桂花少量（裝飾用，可省略）

| 營養成分分析 | | |
|---|---|---|
| 蛋白質 (g) | 15.56 | |
| 碳水化合物 (g) | 116.24 | |
| 糖質總量 (g) | 1.05 | |
| 膳食纖維 (g) | 10.25 | |
| 脂肪 (g) | 4.59 | |
| 飽和脂肪 (g) | 1.25 | |
| 反式脂肪 (mg) | 0 | |
| 膽固醇 (mg) | 0 | |
| 鈉 (mg) | 293.05 | |

11%
82%
7%

蛋白質
脂肪
碳水化合物

**製作方法**

① 先將黑米清洗後浸泡3小時或過夜，浸泡後瀝乾並保留浸泡的水。

② 將250毫升的黑米浸泡水連同100克泡好的黑米、紫菜、鹽放入調理機的容杯，攪打約50秒。

③ 將餘下的黑米加入步驟②的混合物中，拌勻。

④ 取一適合的容器，底部鋪上烘焙紙，倒入步驟③的紫菜黑米漿。蓋上蓋子、放入電鍋，電鍋外鍋加兩杯水，按下開關，跳起後再燜15分鐘。

⑤ 取出、放涼、定型後，脫膜並切成適中大小。可直接享用或搭配花生粉；也可氣炸做成鹽酥紫菜黑米糕。

建議每次食用成品重量為80克，以避免攝取過量的碳水化合物。

# 烤毛豆飯糰

**食材**
熟發芽玄米飯80克
熟毛豆仁20克
玫瑰鹽少量
海苔絲少量

| 營養成分分析 | |
|---|---|
| 蛋白質 (g) | 5.41 |
| 碳水化合物 (g) | 32.77 |
| 　糖質總量 (g) | 0.5 |
| 　膳食纖維 (g) | 2.41 |
| 脂肪 (g) | 2.39 |
| 　飽和脂肪 (g) | 0.48 |
| 　反式脂肪 (mg) | 0 |
| 膽固醇 (mg) | 0 |
| 鈉 (mg) | 38.2 |

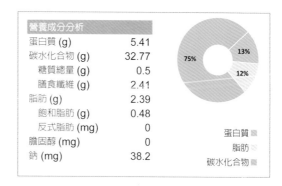

75%　13%　12%

蛋白質
脂肪
碳水化合物

**製作方法**

① 將熟發芽玄米飯撥鬆後，放入熟毛豆仁和玫瑰鹽拌勻。

② 將混合後的飯分成若干份，捏成飯糰，放入預熱至180℃的氣炸烤箱內烘烤8分鐘，烤至表面金黃即可。

③ 飯糰裝盤後，放上海苔絲裝飾即完成。

 竹捲1個

# 海苔鮮蔬捲

## 食材

雞蛋1顆
小黃瓜20克
紅蘿蔔20克
熟五穀飯80克
無調味海苔片1張
鹽少量

| 營養成分分析 | | |
|---|---|---|
| 蛋白質 (g) | 12.9 | |
| 碳水化合物 (g) | 33.73 | |
| 糖質總量 (g) | 2 | |
| 膳食纖維 (g) | 3.91 | |
| 脂肪 (g) | 6.26 | |
| 飽和脂肪 (g) | 2.04 | |
| 反式脂肪 (mg) | 16.47 | |
| 膽固醇 (mg) | 213.91 | |
| 鈉 (mg) | 39.26 | |

56% 21% 23%

■ 蛋白質
▨ 脂肪
■ 碳水化合物

## 製作方法

① 在不沾鍋中平均倒入打散的蛋液，煎2～3分鐘至蛋液定型後，隨即關火。將蛋皮翻面並蓋上鍋蓋，燜至蛋皮全熟。

② 等步驟❷的蛋皮略放涼之後，將蛋皮折起、切成條。

③ 紅蘿蔔去皮、切絲後，先加鹽巴炒熟。小黃瓜切條。

④ 將海苔片放在竹捲上，均勻平鋪上熟五穀米，鋪滿海苔的2/3部分。接著，放上雞蛋條、小黃瓜條和紅蘿蔔絲。從一端開始將海苔捲起，並切成小段即完成。

 tips

若想增加滑潤的口感，可在步驟❹加入少量豆乳允優格。

# 椒香天貝

**食材**

天貝200克
杏鮑菇100克
薑10克
長辣椒3克
花椒1克
八角3粒
鹽0.5克

椒麻粉少量
雙L益菌糖1包
無糖無添加烏醋10毫升

| 營養成分分析 | |
|---|---|
| 蛋白質 (g) | 43.86 |
| 碳水化合物 (g) | 31.38 |
| 　糖質總量 (g) | 4.46 |
| 　膳食纖維 (g) | 20.08 |
| 脂肪 (g) | 22.12 |
| 　飽和脂肪 (g) | 5.21 |
| 　反式脂肪 (mg) | 0 |
| 膽固醇 (mg) | 0 |
| 鈉 (mg) | 208.71 |

25%
35%
40%

蛋白質
脂肪
碳水化合物

**製作方法**

1. 將天貝解凍到半軟狀態後，切成薄片。杏鮑菇切丁，薑切末，長辣椒切斜段。

2. 熱鍋後，將天貝片煎至兩面呈金黃色，盛出備用。

3. 在同一鍋中，放入薑末、辣椒段、花椒和八角炒香後，加入杏鮑菇丁、煎好的天貝片，繼續炒熟。

4. 鍋中加入鹽和椒麻粉調味，翻炒拌勻，再加入烏醋略為拌炒。

5. 最後，撒入一包雙L益菌糖拌勻即完成。

# 五穀彩蔬炒飯

| 營養成分分析 | |
|---|---|
| 蛋白質 (g) | 51.87 |
| 碳水化合物 (g) | 45.88 |
| 　糖質總量 (g) | 3.56 |
| 　膳食纖維 (g) | 7.06 |
| 脂肪 (g) | 14.86 |
| 　飽和脂肪 (g) | 5.52 |
| 　反式脂肪 (mg) | 16.47 |
| 膽固醇 (mg) | 316.49 |
| 鈉 (mg) | 518.3 |

35%
40%
25%

蛋白質 ■
脂肪 ▨
碳水化合物 ■

## 食材

鴻喜菇50克　　　　　　蒜10克
雪白菇50克　　　　　　雞蛋1顆
彩椒50克　　　　　　　蛋白1顆
青花椰菜梗或小黃瓜50克　鹽0.5克
豬腰內肉150克　　　　　白胡椒粉少量
熟五穀飯80克　　　　　無糖無添加竹鹽蔬果調味粉2克

## 製作方法

① 所有蔬菜和菇類切成適當的大小。

② 豬腰內肉切絲，加入蛋白、鹽和白胡椒粉，抓勻醃製10分鐘。

③ 熱鍋後，打入雞蛋炒散，炒至剛剛熟透後，盛出備用。

④ 原鍋中放入蒜末炒香，加入豬腰內肉絲炒至豬肉色澤轉白，再依序放入鴻喜菇、雪白菇、彩椒、青花椰菜梗或小黃瓜、炒蛋，持續翻炒直到蔬菜稍微軟化。

⑤ 加入熟五穀飯，用鍋鏟按壓將飯粒炒鬆、熱透，且與其他食材混合均勻。

⑥ 加入竹鹽蔬果調味粉調味，繼續翻炒均勻即完成。

五穀飯須用冷飯，這樣炒出來的飯才不會黏糊。

# 花枝炒木須

**食材**

花枝150克

新鮮黑木耳100克

娃娃菜50克

雞蛋1顆

蔥10克

白胡椒粉0.3克

無糖無添加竹鹽蔬果調味粉1克

醬油10毫升

水10毫升

| 營養成分分析 | |
|---|---|
| 蛋白質 (g) | 28.63 |
| 碳水化合物 (g) | 22.57 |
| 糖質總量 (g) | 1.21 |
| 膳食纖維 (g) | 8.54 |
| 脂肪 (g) | 6.08 |
| 飽和脂肪 (g) | 2.14 |
| 反式脂肪 (mg) | 16.47 |
| 膽固醇 (mg) | 503.48 |
| 鈉 (mg) | 590.16 |

35%
21%
44%

蛋白質 ■
脂肪 ▨
碳水化合物 ■

**製作方法**

① 黑木耳切小塊，娃娃菜切小片，蔥切段。

② 花枝處理好後，身體切成約1公分厚的圈，足部則切成約2公分的長段。

③ 熱鍋後，將雞蛋打散，下鍋炒熟，盛出備用。

④ 用原鍋，放入水跟蔥段炒香，再下入娃娃菜翻炒至半熟。接著，放入黑木耳塊、炒蛋繼續拌炒。

⑤ 當所有蔬菜炒至七分熟時，加入切好的花枝，快速翻炒至花枝變色。

⑥ 以竹鹽蔬果調味粉、白胡椒粉、醬油調味，炒均勻後即完成。

# 雙豆鹹豆糕

 豆漿過濾袋1個、方形模型1個

## 食材

冷凍毛豆仁100克
板豆腐（擠乾水分後）80克
蛋白1顆
鹽少量
雙L益菌糖1包
低溫烘焙熟松子數顆（裝飾用，可省略）

| 營養成分分析 | |
|---|---|
| 蛋白質 (g) | 27 |
| 碳水化合物 (g) | 15.17 |
| 　糖質總量 (g) | 3.76 |
| 　膳食纖維 (g) | 6.46 |
| 脂肪 (g) | 11.74 |
| 　飽和脂肪 (g) | 2.26 |
| 　反式脂肪 (mg) | 0 |
| 膽固醇 (mg) | 0 |
| 鈉 (mg) | 81.52 |

22%
39%
39%

蛋白質
脂肪
碳水化合物

## 製作方法

① 板豆腐放入豆漿過濾袋中，完全擠乾水分。

② 毛豆仁去薄皮後，放入調理機容杯中打成泥。

③ 將板豆腐泥、毛豆泥、鹽、雙L益菌糖、蛋白液攪拌均勻，倒入模型。電鍋外鍋放一杯半的水，按下開關，跳起即可。

④ 放涼定型後，切成自己喜歡的形狀與大小，撒上雙L益菌糖即完成。

# 牛蒡雞肉飯

| 營養成分分析 | |
| --- | --- |
| 蛋白質 (g) | 42.7 |
| 碳水化合物 (g) | 45.7 |
| 糖質總量 (g) | 3.97 |
| 膳食纖維 (g) | 5.51 |
| 脂肪 (g) | 4.52 |
| 飽和脂肪 (g) | 1.27 |
| 反式脂肪 (mg) | 9.06 |
| 膽固醇 (mg) | 92.42 |
| 鈉 (mg) | 431.8 |

47%
43%
10%

蛋白質 ■
脂肪 ▨
碳水化合物 ■

## 食材

| | |
| --- | --- |
| 熟糙米飯80克 | 鴻喜菇50克 |
| 去皮雞胸肉150克 | 薑5克 |
| 牛蒡30克 | 雙L益菌糖1包 |
| 金針菇50克 | 醬油10毫升 |

## 製作方法

1. 牛蒡洗淨後，用刀背或揉成團的鋁箔紙，輕輕刮除較粗的表皮，切絲。

2. 金針菇切為約2公分長的小段，鴻喜菇撕成小片，薑磨成泥，去皮雞胸肉切小丁。

3. 熱鍋後，放入雞肉丁煎直至雞肉色澤轉白，再加入牛蒡絲、金針菇和鴻喜菇炒熟。

4. 最後，加入薑泥、醬油和雙L益菌糖，翻炒均勻即完成。

可再搭配一顆無油荷包蛋或水煮蛋，就是一道營養均衡的料理。

# R4 Dessert
## 更多元的點心變化
擁抱堅果與巧克力，彷彿來到了天堂，小心別過量！

# 巧克力慕斯佐允優格球

食材
嫩豆腐300克
100%巧克力100克
雙L益菌糖少量
堅果少量
希臘豆乳允優格少量

| 營養成分分析 | |
|---|---|
| 蛋白質 (g) | 27.38 |
| 碳水化合物 (g) | 32.64 |
| 糖質總量 (g) | 2.5 |
| 膳食纖維 (g) | 0.32 |
| 脂肪 (g) | 69.87 |
| 飽和脂肪 (g) | 36.92 |
| 反式脂肪 (mg) | 0 |
| 膽固醇 (mg) | 0 |
| 鈉 (mg) | 21.01 |

15%
13%
72%

蛋白質 ■
脂肪 ▨
碳水化合物 ■

製作方法

① 嫩豆腐用食品級餐巾紙吸乾多餘水分後，放入調理機的容杯中，打成泥狀。

② 隔水加熱100%巧克力：將巧克力放入小碗中。找一個稍大的鍋，加入一些水，但不要太多，以免水溢入碗中。將小碗放在大鍋中，開小火隔水加熱，並時常攪拌，直到巧克力完全溶化成液態。

③ 將步驟❶、❷、雙L益菌糖混合拌勻。

④ 將步驟❸倒入杯子或模具中，抹平表面之後，放入冰箱冷藏3小時。

⑤ 取出食用前，可加上希臘豆乳允優格跟堅果。

希臘豆乳允優格可水切後舀至造型冰盒中，冷凍成喜愛的形狀來點綴。

 方形模具1個

# MNT抹茶夏威夷豆糕

食材

嫩豆腐（盡量擠乾水分）50克
MNT®50克
無糖抹茶粉3克
雙L益菌糖5包
夏威夷果15克

| 營養成分分析 | |
| --- | --- |
| 蛋白質 (g) | 46.61 |
| 碳水化合物 (g) | 22.11 |
| 糖質總量 (g) | 5.32 |
| 膳食纖維 (g) | 1.98 |
| 脂肪 (g) | 13.63 |
| 飽和脂肪 (g) | 2.72 |
| 反式脂肪 (mg) | 1.16 |
| 膽固醇 (mg) | 0 |
| 鈉 (mg) | 420 |

22%
31%
47%

蛋白質
脂肪
碳水化合物

製作方法

1. 將嫩豆腐與過篩的MNT®拌勻後，加入無糖抹茶粉、雙L益菌糖、夏威夷果，混合拌勻。
2. 將步驟❶倒入模具中，整平後放入冰箱冷藏至少1小時。
3. 取出脫模後，切成喜愛的大小。可依據個人喜好，外層再撒上無糖抹茶粉或雙L益菌糖即完成。

221

# 巧克力Q糰子

**食材**

100%巧克力15克
MNT®20克
洋車前子粉（80細目）1克
豆乳允優格50克
雙L益菌糖3包
無糖可可粉10克

| 營養成分分析 | |
|---|---|
| 蛋白質 (g) | 22.58 |
| 碳水化合物 (g) | 18.34 |
| 　糖質總量 (g) | 2.85 |
| 　膳食纖維 (g) | 3.78 |
| 脂肪 (g) | 12.51 |
| 　飽和脂肪 (g) | 6.97 |
| 　反式脂肪 (mg) | 0 |
| 膽固醇 (mg) | 0 |
| 鈉 (mg) | 171.27 |

26%
33%
41%

蛋白質 ■
脂肪 ▨
碳水化合物 ■

**製作方法**

① 將100%巧克力隔水融化。

② 巧克力微溫時，加入豆乳允優格、洋車前子粉、雙L益菌糖拌勻後，再加入已過篩的 MNT®拌勻。

③ 將步驟②的巧克力分成小等分後，滾成小圓球，在小圓球的表面均勻裹上一層無糖可可粉 即完成。

# 嫩豆腐雙色生巧克力

 保鮮盒1個

## 食材

嫩豆腐300克　　　　無糖可可粉10克

100%巧克力200克　　無糖抹茶粉10克

## 製作方法

1. 將嫩豆腐放入調理機的容杯中打成泥。

2. 將100%巧克力隔水加熱成液態。

3. 將步驟❶與步驟❷攪拌均勻後，倒入已鋪好烘焙紙或保鮮膜的保鮮盒內，抹平表面後，放入冰箱冷藏3～4小時。

| 營養成分分析 | |
|---|---|
| 蛋白質 (g) | 39.91 |
| 碳水化合物 (g) | 63.11 |
| 　糖質總量 (g) | 2.49 |
| 　膳食纖維 (g) | 6.37 |
| 脂肪 (g) | 128.45 |
| 　飽和脂肪 (g) | 73.1 |
| 　反式脂肪 (mg) | 3.88 |
| 膽固醇 (mg) | 0 |
| 鈉 (mg) | 23.9 |

16%
10%
74%

蛋白質
脂肪
碳水化合物

4. 將凝固的巧克力倒出、切成適當大小。食用前，將生巧克力塊均勻裹上無糖可可粉與無糖抹茶粉即可。

### tips

◎ 嫩豆腐也可以手捏或用湯匙壓成泥。重點是必須成泥狀，風味及口感會較佳。

◎ 若時間不足，也可以放在冷凍庫加快凝固速度。切記：時間不可超過兩小時，否則冰太久反而會造成可可脂分離。

◎ 想要增加吃甜食的滿足感，還有三種做法：(1)在步驟❹的無糖可可粉及無糖抹茶粉中，加入2～3包的雙L益菌糖，裹在生巧克力塊外；(2)在嫩豆腐壓泥時，加入7～8包的雙L益菌糖；(3)生巧克力塊直接裹上雙L益菌糖。

★ 每人每日可食用的巧克力分量，須與醫師討論。

 造型模具數個

# MNT紫芋之心

**食材**
紫芋地瓜250克
雞蛋1顆
MNT®30克
無糖豆漿80毫升

| 營養成分分析 | |
|---|---|
| 蛋白質 (g) | 37.74 |
| 碳水化合物 (g) | 73.99 |
| 　糖質總量 (g) | 11.42 |
| 　膳食纖維 (g) | 7.1 |
| 脂肪 (g) | 7.34 |
| 　飽和脂肪 (g) | 2.23 |
| 　反式脂肪 (mg) | 16.47 |
| 膽固醇 (mg) | 213.91 |
| 鈉 (mg) | 243 |

58%
29%
13%

蛋白質 ■
脂肪 ▨
碳水化合物 ■

**製作方法**

① 紫芋地瓜蒸熟後，放涼備用。

② 將所有食材放入調理機的容杯中，打成泥狀。

③ 將步驟②的麵團填入模具後，把模具敲一下排氣（拿起後約2～3公分，向下放）。

④ 將取出的造型麵團放在鋪好烘焙紙的烤盤上，放入預熱至180℃的氣炸烤箱中烘烤50分鐘，再用餘溫燜10分鐘即完成。

**tips**

此道料理建議中午食用，可取代澱粉。食用分量不超過100克。

 餅乾模

# MNT鐵觀音肉桂餅乾

食材

**餅乾體**

雞蛋1顆

MNT®15克

脫脂杏仁粉65克

鐵觀音茶粉3克

無糖豆漿15毫升

**糖粉**

肉桂粉3克

雙L益菌糖3包

| 營養成分分析 | |
| --- | --- |
| 蛋白質 (g) | 56.13 |
| 碳水化合物 (g) | 19.79 |
| 　糖質總量 (g) | 7.95 |
| 　膳食纖維 (g) | 13.31 |
| 脂肪 (g) | 18.65 |
| 　飽和脂肪 (g) | 2.97 |
| 　反式脂肪 (mg) | 16.47 |
| 膽固醇 (mg) | 213.91 |
| 鈉 (mg) | 130.79 |

17%
35%
48%

蛋白質
脂肪
碳水化合物

製作方法

1. 雞蛋打散後，先加入無糖豆漿拌勻，再加入已過篩的MNT®、脫脂杏仁粉、鐵觀音茶粉。

2. 將步驟❶的食材混合均勻之後，上下各放一張烘焙紙，擀平後，放入冰箱冷藏1小時。

3. 將糖粉的食材混合，備用。

4. 拿出步驟❷的麵團片，用喜歡的餅乾模具壓模。

5. 將餅乾片放在鋪有烘焙紙的烤盤上，放入預熱至170℃的氣炸烤箱中，烘烤20分鐘後，將烤溫調至150℃，再烘烤15分鐘即完成（依餅乾大小調整烘烤時間）。

6. 撒上❸糖粉，即完成。

# 焦糖巴西豆  方型模具1個

| 營養成分分析 | |
|---|---|
| 蛋白質 (g) | 4.41 |
| 碳水化合物 (g) | 18.36 |
| 　糖質總量 (g) | 4.75 |
| 　膳食纖維 (g) | 2.26 |
| 脂肪 (g) | 20.15 |
| 　飽和脂肪 (g) | 4.84 |
| 　反式脂肪 (mg) | 0 |
| 膽固醇 (mg) | 0 |
| 鈉 (mg) | 211.3 |

27%　6%　67%

蛋白質 ▇
脂肪 ▇
碳水化合物 ▇

## 食材

巴西豆30克、雙L益菌糖5包、鹽0.5克、檸檬汁5毫升

## 製作方法

❶ 將巴西豆用調理機攪打至碎粒狀，不要打成泥；或者用刀切碎也可以。

❷ 在巴西豆碎中加入檸檬汁和鹽，拌勻。

❸ 開小火，在不沾鍋中將雙L益菌糖炒至完全融化。

❹ 將步驟❷加入步驟❸中，快速拌炒讓其均勻地沾滿糖液。

❺ 把步驟❹的巴西豆倒入模具中，趁熱使用矽膠刮刀按壓整型。

❻ 放入冰箱冷凍約3～4分鐘後，取出切塊（3×3公分大小），再放入冷凍使其完全變硬即完成。

### tips

◎ 若有雪花酥模具可以直接使用，或使用耐熱且方便整型的模具。

◎ 巴西豆為「硒」含量最高的堅果，每100公克達到1917微克。硒不僅調節免疫和抗發炎，對心臟健康亦有益，且能清除自由基、紓緩炎症。衛生福利部建議，成人每日應攝取55微克的硒，相當於食用1顆巴西豆堅果（大約5～7克／粒）就可滿足。

★ 每日建議食用量約15克（約巴西豆10克+雙L益菌糖2包）。此份食譜約可製作3日分量的焦糖巴西豆。

227

# 南瓜摩卡巧克力餅乾

 調理盆1個

**食材**

南瓜40克

100%巧克力豆20克

脫脂杏仁粉50克

咖啡粉3克

MNT®20克

奇亞籽13克

雙L益菌糖3包

肉桂粉0.2克

水40毫升

| 營養成分分析 | |
|---|---|
| 蛋白質 (g) | 50.87 |
| 碳水化合物 (g) | 28.97 |
| 　糖質總量 (g) | 8.84 |
| 　膳食纖維 (g) | 13.98 |
| 脂肪 (g) | 25.57 |
| 　飽和脂肪 (g) | 7.95 |
| 　反式脂肪 (mg) | 4.82 |
| 膽固醇 (mg) | 0 |
| 鈉 (mg) | 171.02 |

21%

42%

37%

蛋白質

脂肪

碳水化合物

**製作方法**

① 南瓜去籽、去皮後,放入電鍋內鍋,外鍋加半杯水,蒸熟後搗成泥。

② 奇亞籽以調理機研磨成粉後,與咖啡粉、水及南瓜泥攪拌均勻,靜置備用。

③ 大碗中放入脫脂杏仁粉、MNT®、雙L益菌糖、肉桂粉、100%巧克力豆混合後,再將步驟②倒入,攪拌成麵團。

④ 烤盤鋪上烘焙紙。舀一湯匙麵團(約18克)、用手揉成球狀,再將麵團壓平為0.6公分厚的圓餅,放在烤盤上。

⑤ 烤盤放入預熱至180℃的烤箱中,烘烤8分鐘。

⑥ 當餅乾開始變成褐色,邊緣也變得酥脆時,取出烤盤,先放置一旁冷卻5～10分鐘後,再將餅乾挪至散熱架上,讓餅乾完全冷卻。

# MNT杏仁脆片

**食材**

蛋白2顆
MNT®90克
杏仁片60克
無糖豆漿100毫升

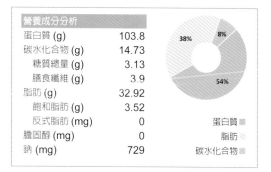

| 營養成分分析 | |
|---|---|
| 蛋白質 (g) | 103.8 |
| 碳水化合物 (g) | 14.73 |
| 　糖質總量 (g) | 3.13 |
| 　膳食纖維 (g) | 3.9 |
| 脂肪 (g) | 32.92 |
| 　飽和脂肪 (g) | 3.52 |
| 　反式脂肪 (mg) | 0 |
| 膽固醇 (mg) | 0 |
| 鈉 (mg) | 729 |

8%
38%
54%

蛋白質
脂肪
碳水化合物

**製作方法**

1. 過篩MNT®，備用。

2. 蛋白與無糖豆漿攪拌均勻後，分次加入步驟①的MNT®，再加入適量杏仁片混合均勻，放入冰箱冷藏15分鐘。

3. 取出步驟②的麵糊，用湯匙舀取適量麵糊，在鋪好烘焙紙的烤盤上，將麵糊均勻地鋪成薄片，直到麵糊使用完畢。

4. 烤盤放入預熱至170℃的氣炸烤箱內，烘烤15分鐘後，將烤溫調為150℃，再烘烤25分鐘即完成。

麵糊要鋪得越薄越好，烤出來的杏仁脆片才會酥脆可口。

# 健康奇亞籽餅

## 食材

奇亞籽50克
低溫烘焙熟黑芝麻50克
雙L益菌糖5包
蛋白1顆

| 營養成分分析 | |
| --- | --- |
| 蛋白質 (g) | 25.19 |
| 碳水化合物 (g) | 42.64 |
| 糖質總量 (g) | 4.61 |
| 膳食纖維 (g) | 22.2 |
| 脂肪 (g) | 41.86 |
| 飽和脂肪 (g) | 5.84 |
| 反式脂肪 (mg) | 23.02 |
| 膽固醇 (mg) | 0 |
| 鈉 (mg) | 15 |

26%
16%
58%

蛋白質 ▨
脂肪 ▨
碳水化合物 ▨

## 製作方法

1. 取一大碗，放入奇亞籽、黑芝麻、雙L益菌糖混合均勻，並確定沒有結塊。

2. 加入蛋白至步驟❶中，攪拌至有黏性後，靜置10分鐘使材料融合。

3. 在烤盤鋪上一層不沾烘焙墊（或烘焙紙），將步驟❷的混合物平均地倒入，再覆蓋上第二層不沾烘焙墊。使用擀麵棍輕輕地壓平至約0.4公分厚。之後，拿掉上層的烘焙墊，用模具或刮板將脆餅切割成喜歡的形狀。

4. 將烤盤放入預熱至120℃的烤箱中層，烘烤30～40分鐘，直到脆餅完全乾燥且脆硬即完成。

 tips

每日的建議食用量為10～15克。

# 海苔脆餅

食材

千張3張
無調味海苔3張
蛋白30克
低溫烘焙熟白芝麻10克
雙L益菌糖1包
胡椒粉0.5克
鹽0.5克

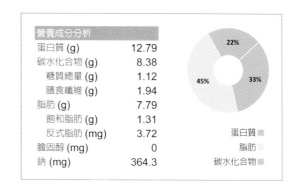

| 營養成分分析 | |
| --- | --- |
| 蛋白質 (g) | 12.79 |
| 碳水化合物 (g) | 8.38 |
| 　糖質總量 (g) | 1.12 |
| 　膳食纖維 (g) | 1.94 |
| 脂肪 (g) | 7.79 |
| 　飽和脂肪 (g) | 1.31 |
| 　反式脂肪 (mg) | 3.72 |
| 膽固醇 (mg) | 0 |
| 鈉 (mg) | 364.3 |

22%
33%
45%

蛋白質
脂肪
碳水化合物

製作方法

1. 將蛋白放入碗中,打散成蛋白液。

2. 取一小碗,放入雙L益菌糖、胡椒粉、鹽,混合均勻,備用。

3. 將千張舖平並均勻刷上蛋白液後,放上一張海苔,讓千張與海苔黏合。

4. 海苔上再塗一層蛋白液,均勻地撒上白芝麻。

5. 準備好3張千張海苔片之後,將千張海苔片裁剪成適當大小,放入預熱至170℃的氣炸烤箱中,烘烤4分鐘。

6. 完成後,撒上步驟❷的調味料即完成。

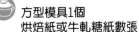
方型模具1個
烘焙紙或牛軋糖紙數張

# MNT允優格牛軋糖

食材
希臘豆乳允優格50克
MNT®5克
寒天粉1克
洋車前子粉（80細目）2克
巴西豆10克
奇亞籽1克
雙L益菌糖1包

| 營養成分分析 | |
|---|---|
| 蛋白質 (g) | 9.33 |
| 碳水化合物 (g) | 8.38 |
| 　糖質總量 (g) | 1.55 |
| 　膳食纖維 (g) | 3.54 |
| 脂肪 (g) | 8.87 |
| 　飽和脂肪 (g) | 1.99 |
| 　反式脂肪 (mg) | 0.37 |
| 膽固醇 (mg) | 0 |
| 鈉 (mg) | 44.04 |

22%
25%
53%

蛋白質 ■
脂肪 ▨
碳水化合物 ■

製作方法
① 將巴西豆切成碎片。
② 取一大碗中，放入希臘豆乳允優格、MNT®、寒天粉、洋車前子粉、巴西豆碎片、奇亞籽和雙L益菌糖，充分混合拌匀。
③ 將步驟②的食材倒入方型模具中，用手或矽膠刮刀壓緊、抹平，確保表面平滑且均勻後，放入冰箱冷凍約30分鐘。
④ 脫模後，根據個人喜好的大小切塊，再用烘焙紙或牛軋糖紙包好即完成。

 方型模具1個

# 芝麻糖

食材
低溫烘焙熟黑芝麻30克
雙L益菌糖6包
鹽0.5克

| 營養成分分析 | |
| --- | --- |
| 蛋白質 (g) | 6.33 |
| 碳水化合物 (g) | 23.74 |
| 糖質總量 (g) | 4.98 |
| 膳食纖維 (g) | 4.4 |
| 脂肪 (g) | 15.53 |
| 飽和脂肪 (g) | 2.48 |
| 反式脂肪 (mg) | 2.69 |
| 膽固醇 (mg) | 0 |
| 鈉 (mg) | 214.3 |

37%
9%
54%

蛋白質
脂肪
碳水化合物

製作方法

① 開小火，在不沾鍋中將雙L益菌糖炒至完全融化。

② 倒入黑芝麻，快速拌炒讓其均勻地沾滿糖液。

③ 把步驟②的黑芝麻糖倒入模具中，趁熱使用矽膠刮刀按壓整型。

④ 放入冰箱冷凍3～4分鐘後，取出切塊，再放入冷凍使其變硬即完成。

**tips**

◎ 每日建議的食用量為10～12克。

◎ 芝麻富含木酚素（lignan），具抗發炎和抗氧化的效果，同時富含不飽和脂肪酸，如亞麻油酸，有助於降低膽固醇和保護心血管。此外，芝麻中高含量的鈣和鐵有助於促進兒童的骨骼發育。建議選擇低溫烘焙的全芝麻以保留完整營養，且食用時不會上火或燥熱。

# 蝦味酥條

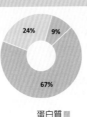 

| 營養成分分析 | |
|---|---|
| 蛋白質 (g) | 29.17 |
| 碳水化合物 (g) | 3.82 |
| 　糖質總量 (g) | 1.65 |
| 　膳食纖維 (g) | 3.73 |
| 脂肪 (g) | 4.57 |
| 　飽和脂肪 (g) | 0.54 |
| 　反式脂肪 (mg) | 0 |
| 膽固醇 (mg) | 144.94 |
| 鈉 (mg) | 474.2 |

24% 9%
67%
■ 蛋白質
■ 脂肪
■ 碳水化合物

## 食材

草蝦仁100克　　白胡椒粉0.5克
MNT®10克　　　鹽1克
脫脂杏仁粉20克　熱水20毫升

## 蛋捲製作方法

❶ 把草蝦仁、白胡椒粉、鹽、MNT®和脫脂杏仁粉放入食物調理機或攪拌機中、攪打混合後，慢慢加入熱水，再次攪打至蝦泥變得綿密。

❷ 蝦泥裝入擠花袋中，在擠花袋的尖端剪開一個小口。

❸ 烤盤鋪上烘焙紙，在烘焙紙上將蝦泥擠成長條狀。

❹ 將烤盤放入預熱至160℃的氣炸烤箱中，烘烤15分鐘，直到蝦條變得金黃和脆口即完成。

**tips**

若時間到了之後，蝦味仍感覺柔軟、不夠酥脆，可以延長烘烤的時間，直至達到理想的脆口程度。

| 營養成分分析 | |
|---|---|
| 蛋白質 (g) | 34.26 |
| 碳水化合物 (g) | 12.73 |
| 糖質總量 (g) | 4.14 |
| 膳食纖維 (g) | 10.15 |
| 脂肪 (g) | 10.6 |
| 飽和脂肪 (g) | 1.72 |
| 反式脂肪 (mg) | 0 |
| 膽固醇 (mg) | 7.19 |
| 鈉 (mg) | 480.83 |

18%
34%
48%

蛋白質 ■
脂肪 ◩
碳水化合物 ■

【同場加映】
## 毛豆酥條

**食材**
毛豆仁100克、柴魚片3克、MNT®
10克、脫脂杏仁粉20克、白胡椒粉
少量、鹽1克、熱水20毫升

**製作方法**
與蝦味酥條相同。

235

# R5 Remember
# 開始記憶新定點期

**畢業快樂！推薦早晨飲品，開啟 R 畢業生的美好一天**

## 果悅允優格奶昔

**食材**

豆乳允優格150克
冷凍蔓越莓10克
冷凍黑莓10克

| 營養成分分析 | |
|---|---|
| 蛋白質 (g) | 5.22 |
| 碳水化合物 (g) | 4.64 |
| 　糖質總量 (g) | 2.18 |
| 　膳食纖維 (g) | 1.05 |
| 脂肪 (g) | 2.59 |
| 　飽和脂肪 (g) | 0.45 |
| 　反式脂肪 (mg) | 0 |
| 膽固醇 (mg) | 0 |
| 鈉 (mg) | 0 |

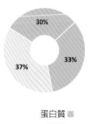

30%
33%
37%

蛋白質 ■
脂肪 ◎
碳水化合物 ■

**製作方法**

❶ 將130克的豆乳允優格和5克的冷凍蔓越莓及5克的黑莓放入調理機的容杯中，攪打至均勻。

❷ 將步驟❶的允優格奶昔倒入杯中，再倒入剩餘的20克豆乳允優格，最後撒上剩餘的冷凍莓果即完成。

若偏好原味或簡單的口感，直接將冷凍莓果撒在豆乳允優格上即可。

# 護眼潤腸
# MNT綠拿鐵

| 營養成分分析 | |
|---|---|
| 蛋白質 (g) | 25.1 |
| 碳水化合物 (g) | 21.07 |
| 糖質總量 (g) | 6.67 |
| 膳食纖維 (g) | 4.48 |
| 脂肪 (g) | 8.55 |
| 飽和脂肪 (g) | 1.71 |
| 反式脂肪 (mg) | 0 |
| 膽固醇 (mg) | 0 |
| 鈉 (mg) | 162 |

32%
30%
38%

■ 蛋白質
■ 脂肪
■ 碳水化合物

備註：營養成分分析以20克MNT®和150毫升無糖溫豆漿計算而得。

### 食材

青花椰苗10克

新鮮白木耳30克

含皮帶籽南瓜80克

南杏5克

巴西豆1粒

MNT®20～30克（依原本個人早餐應加的量）

無糖溫豆漿150～450毫升

（依原本個人早餐應加的量）

### 製作方法

1. 把白木耳和含皮帶籽南瓜放入電鍋內鍋，外鍋放八分滿量米杯的水，按下開關，跳起即可。

2. 所有食材一同放入調理機的容杯中，從最低速逐漸調至最高速，持續攪打30～45秒即完成。

【同場加映】
## 黑三寶MNT綠拿鐵

### 食材

黑豆20克、黑木耳30克、低溫烘焙黑芝麻10克、MNT®20～30克（依原本個人早餐應加的量）、無糖溫豆漿150～450毫升（依原本個人早餐應加的量）

**製作方法**

❶ 將黑豆浸泡8小時,清洗乾淨,放入萬用鍋中,加水淹過黑豆,進行烹煮。

❷ 黑木耳放入電鍋內鍋,外鍋放八分滿量米杯的水,按下開關,跳起即可。

❸ 所有食材一同放入調理機的容杯中,從最低速逐漸調至最高速,持續攪打30～45秒即完成。

**tips**

可提前煮好黑豆後,分裝冷凍,確保半個月內食用完。要使用之前,先用微波爐解凍或電鍋加熱,再製作綠拿鐵。

| 營養成分分析 | |
|---|---|
| 蛋白質 (g) | 31.77 |
| 碳水化合物 (g) | 13.97 |
| 糖質總量 (g) | 2.08 |
| 膳食纖維 (g) | 7.99 |
| 脂肪 (g) | 11.16 |
| 飽和脂肪 (g) | 1.96 |
| 反式脂肪 (mg) | 0.9 |
| 膽固醇 (mg) | 0 |
| 鈉 (mg) | 162 |

20%
35%
45%

蛋白質 ■
脂肪 ＼
碳水化合物 ■

備註:營養成分分析以20克MNT®和150毫升無糖溫豆漿計算而得。

# 超級抗炎MNT綠拿鐵

**食材**

羽衣甘藍70克、青花椰苗20克、紫高麗菜苗10克、亞麻仁籽5克、南杏5克、MNT®20~30克（依原本個人早餐應加的量）、無糖溫豆漿150~450毫升（依個人原本早餐應加的量）

**製作方法**

1. 羽衣甘藍以滾水川燙30秒，撈起。
2. 所有食材一同放入調理機的容杯中，從最低速逐漸調至最高速，持續攪打30~45秒即完成。

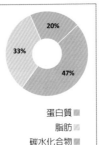

| 營養成分分析 | |
|---|---|
| 蛋白質 (g) | 26.09 |
| 碳水化合物 (g) | 10.69 |
| 糖質總量 (g) | 2.97 |
| 膳食纖維 (g) | 5.2 |
| 脂肪 (g) | 8.15 |
| 飽和脂肪 (g) | 1.07 |
| 反式脂肪 (mg) | 0 |
| 膽固醇 (mg) | 0 |
| 鈉 (mg) | 162 |

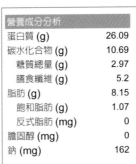

20%
33%
47%

蛋白質 ■
脂肪 ■
碳水化合物 ■

備註：營養成分分析以20克MNT®和150毫升無糖溫豆漿計算而得。

**tips**

超級蔬菜羽衣甘藍和青花椰苗富含強大的抗氧化物質——蘿蔔硫素。羽衣甘藍不僅富含葉酸、高鈣，還有護眼的葉黃素。研究發現，每週食用25克青花椰苗可以降低發炎、改善消化、預防癌症及強化腸道健康。

---

【同場加映】
## 綜合芽苗MNT綠拿鐵

**食材**

青花椰苗10克

綠豆芽20克

豌豆苗10克

苜蓿芽苗10克

奇亞籽3克

南杏仁5克

巴西豆1粒

MNT®20~30克（依原本個人早餐應加的量）

無糖溫豆漿150~450毫升（依原本個人早餐應加的量）

| 營養成分分析 | |
|---|---|
| 蛋白質 (g) | 25.29 |
| 碳水化合物 (g) | 8.31 |
| 糖質總量 (g) | 2.62 |
| 膳食纖維 (g) | 2.5 |
| 脂肪 (g) | 9.4 |
| 飽和脂肪 (g) | 1.75 |
| 反式脂肪 (mg) | 1.11 |
| 膽固醇 (mg) | 0 |
| 鈉 (mg) | 162 |

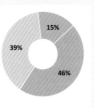

15%
39%
46%

蛋白質 ■
脂肪 ■
碳水化合物 ■

備註：營養成分分析以20克MNT®和150毫升無糖溫豆漿計算而得。

**製作方法**

所有食材放入調理機的容杯中，從最低速逐漸調至最高速，持續攪打30~45秒即完成。

# 花生貢糖

| 營養成分分析 | |
|---|---|
| 蛋白質 (g) | 86.46 |
| 碳水化合物 (g) | 32.49 |
| 　糖質總量 (g) | 13.19 |
| 　膳食纖維 (g) | 16.89 |
| 脂肪 (g) | 48.76 |
| 　飽和脂肪 (g) | 8.54 |
| 　反式脂肪 (mg) | 0 |
| 膽固醇 (mg) | 235.37 |
| 鈉 (mg) | 274.2 |

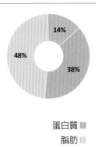

14%
48%
38%

蛋白質 ■
脂肪 ▦
碳水化合物 ▩

### 食材
無糖花生醬60克
嫩豆腐（盡量擠乾水分）60克
脫脂杏仁粉64克
MNT®32克
蛋黃1顆
雙L益菌糖5包
香草籽醬2克
低溫烘焙熟白芝麻少量

### 製作方法
1. 先將無糖花生醬、嫩豆腐、香草籽醬、蛋黃攪拌均勻。
2. 加入已過篩的MNT®、脫脂杏仁粉以及雙L益菌糖。
3. 用手把所有食材捏混合後，放入模具整平，微波1分30秒後，再放入冰箱冷藏約2小時。
4. 取出脫模後，先灑上熟白芝麻，再切成自己喜愛的大小即完成。

 tips
每人每日堅果食用量依醫囑有所不同，可自行調整。

# 4+2R 腸道健康飲食

## 叮嚀篇

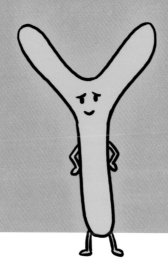

# 為什麼要多喝水？

對一般人來說，一天喝個2000～3000cc的水分就足夠了，但如果正在進行4+2R這樣的**高蛋白飲食法**，一天的水量就建議要喝到4000～6000cc（包含日常飲水、湯、泡蛋白粉的水。不含茶、咖啡、豆漿），否則會有脫水的可能。

研究發現，你吃越多的蛋白質，就應該喝越多的水，因為高蛋白質會讓血液中的尿素氮上升，導致腎臟產生更濃縮的尿液。所以研究人員建議進行高蛋白質飲食的時候，不管有沒有口渴，都要增加飲水量，否則容易讓腎臟損傷。

正在減肥的人，身體會產生大量的代謝產物，例如乳酸、酮酸、尿酸。脂肪的分解本身也會有許多有害的荷爾蒙釋放，所以腎臟的灌流量是非常重要的，這些代謝廢物才能從尿液中被排出體外。以我在自己的研究過程中，在腎臟健康的人身上監測執行R2飲食8週、最長到1年，搭配4000～6000cc的水量，腎功能都未發生異常。

另外，所謂的「水中毒」，是發生在流失電解質後，或短時間內快速飲用大量水分才會出現的症狀。心、肝、腎功能正常的人（務必在醫生檢查後確認自身心肝腎狀態），在有計劃的日常飲水中是不會水中毒的，可以準備一個有刻度的大水壺，利用白天時間每個小時喝300～500cc，晚上七點之後就盡量不要大量喝水，以免被夜尿中斷睡眠喔！

# 為什麼要早睡覺？

　　首先講睡眠長度，研究發現睡眠時間在七小時左右的人，他們有最瘦的體態以及最低的死亡風險。少於五小時或多於九小時的人，會有較高的代謝疾病機率。睡眠時間太少或太多都容易囤積脂肪也容易流失肌肉。

　　再來，有幾個跟增肌減脂相關的激素你需要注意，他們分泌的時間都是固定的。**生長激素**是在晚上11點到半夜2點分泌，有把握這個時間睡覺的話，小孩長得高、大人瘦得快。**瘦體素**是在晚上12點到半夜3點分泌，他可以幫助我們減少食慾、降低脂肪。人體還有一個蛋白質叫**BMAL1**，晚上10點到半夜2點是他的分泌高峰，這個時候進食脂肪特別容易儲存，所以請不要吃宵夜了好嗎？（4+2R當中唯一允許的宵夜是MNT+水）對想要增肌的人來說，如果你睡不到五個小時，**睪固酮**就會下降10～15%、**壓力荷爾蒙**會上升30%、**胰島素敏感度**也會下降25%。所以睡不好這件事情，根本就是增肌減脂的殺手。

　　對於因為工作導致生活作息不正常的人，都可以根據自身的情形，在診間和醫師討論睡眠跟飲食的調整方式，我們會一起找到最適合你的飲食和睡眠時間。

　　請記得，健身者非常重視所謂的「吃、睡、練」。飲食和睡眠的重要性都排在訓練的前面。減脂也是一樣，如果你的飲食和睡眠沒有做好，那就會事倍功半，非常非常可惜。

# 旅行時的飲食安排

旅行是放鬆心情、體驗新事物的好時機，但我們的飲食健康同樣重要。為了確保你的旅途充滿活力且照樣吃得健康，可參考以下兩點建議：

## 1. 主打營養

- 蛋白質：盡量選擇富含蛋白質的食物，如瘦肉、豆腐、蛋或堅果。
- 纖維：選擇全穀類、堅果、種子以及大量的蔬菜和水果，以確保足夠的纖維攝入。
- 低油食物：避免過多的油炸或油膩食物，選擇清蒸、燉煮或烤製的食物。

## 2. 補充補品

- 銀包與金包：如果食物的選擇皆較油膩或澱粉含量高，請在餐前服用油澱雙切，餐後則服用三包優先盈。
- 蛋白營養素：不要忘記，每天早上和下午都要喝用冷開水泡開的蛋白營養素。蛋白營養素不僅提供每日所需的蛋白質，也能保持在旅途中所須的體力和活力。

旅行時，盡量維持平時的飲食習慣，避免因飲食不均衡而導致消化不良或衍生其他健康問題。享受旅行的同時，也照顧自己的身體健康，才能期待更多的旅行機會！

# 年節怎麼吃才不會胖？

　　過年過節是台灣文化中的重要節慶，與家人相聚享受美食更是不可或缺的儀式感。然而，這段時期也是許多人對健康飲食控制較為放鬆的時候。在我的門診其實有各種祕密武器專門為常聚餐的人而準備，盡量減少大家變胖的機率。至於沒有來看過診的朋友也不要擔心，我也特別整理了很詳細的「避免吃胖法」供大家作為年節飲食的參考。

## 每天請喝 4000 ～ 6000 毫升的水

　　水可以增加飽足感、促進代謝、消水腫。所以喝6000毫升水的代謝效益跟跑6公里相近，你選哪一個？

## 年夜飯及年節午晚餐的飲食順序

　　飲食順序請改成：蔬菜→豆魚肉蛋類→澱粉。除了避免糖跟脂肪快速結合變成三酸甘油酯，還可減少血糖、血脂跟體重的波動，減少胰島素的分泌以及延長飽足感。

## 早餐以優質、好吸收的蛋白質為主

　　每天的第一餐，建議一定要以優質、好吸收的蛋白質為主，例如無糖豆漿加上一顆蛋，就是很好的選擇。一整天的第一餐決定了血糖的波動起始點，而低卡、低脂、高纖的蛋白質，能很好的穩定血糖與提供飽足感，避免接下來吃得過多。

## 想吃飯、麵或麵包怎麼辦？

碳水化合物只要是冷的，抗性澱粉的含量會增加，變得比較難分解吸收，類似纖維使血糖緩慢上升，所以可以挑壽司飯、冷麵、從冷凍庫退冰的雜糧麵包等這類食物，對體脂造成影響會比較小。

## 想吃甜點怎麼辦？

在吃甜點之前，先吃蔬菜跟蛋白質來延緩血糖上升。如果在咖啡店不方便吃蔬菜或蛋白質，最好在吃甜點之前，先喝無糖的咖啡或茶。先喝掉半杯無糖飲料，剩下的飲料再搭配蛋糕享用，也會延緩血糖上升的速度。更好的方式就是在吃甜點前，先喝半杯無糖豆漿，因為無糖豆漿除了提供優質蛋白質跟纖維，其中的大豆異黃酮也可幫助控制血脂。將無糖豆漿取代鮮奶加入黑咖啡中，製作成豆乳拿鐵，這是搭配甜點的絕佳選擇。建議不要加鮮奶，因為乳製品的乳糖加上澱粉，是很容易讓人發胖的組合！

## 湯跟菜都太鹹，怎麼辦？

高鹽跟血壓和肥胖都有關係，還是建議選擇清淡的飲食（★不要忘記：一天的鹽分攝取應<5克）。要注意的是，即使透過增加水分攝取來沖淡鹽分，這也只是稀釋鹽的濃度，總攝取量並沒有改變。若因為用餐環境的限制，無法避免高鹽的料理，可多吃一些含鉀高的豆類、非油炸豆腐皮、紫菜、海帶、韭菜、黃豆芽、菠菜、大番茄、筍類（★每100克中含鉀量在500～1000毫克以上）的食物。然後老話一句，請拚命喝水跟狂上廁所，有助於消水腫。再次**提醒：腎功能不全的人要特別注意鈉、鉀、磷跟水分的攝取！**

# 便利商店可以吃什麼？

出門在外沒有辦法執行4+2R的時候，便利商店是你的好朋友。台灣的便利商店非常萬能，只要留心挑選，也能維持4+2R的大部分原則。

以下是便利商店的推薦食物：

1. 無糖豆漿：各廠牌都有400毫升的新鮮屋。
2. 茶葉蛋：因為鹽分較高，食用時記得補充足夠水分。
3. 超嫩豆腐：可涼拌即食的方便選擇。
4. 蔬菜：可選擇生菜沙拉，醬汁建議選擇和風醬，只加少量至半包。
   沙拉中的水果、麵包丁、葡萄乾是地雷，記得要挑掉。
5. 雞胸肉：R3可選即食雞胸肉，請挑選鈉含量較低的。

生菜（注意水果、堅果、麵包丁） 　 嫩豆腐

雞胸肉（R3） 　 無糖豆漿

地瓜（R4）

茶葉蛋 　 和風醬半包

# 自己執行 4+2R 要注意什麼？

自2018年起，我就一直不斷在進行4+2R的衛教演講。但是自2021年出版《增肌減脂：4+2R代謝飲食法》之後，連續三年登上博客來百大排行榜，這個飲食法突然之間被大眾所認識。但我分身乏術，無法一個人照顧到所有想要進行4+2R的學員。所以有很多沒有來看診、而是自己看了書之後開始摸索執行4+2R的群眾。相信這本食譜書出版之後，這樣的族群一定會更多。

其實我出版這本食譜書的初衷，主要是為了苦惱於廚藝有限，每天自己備餐變不出新花樣的看診學員。而對於未看診的朋友，由於你們並不像看診學員一樣有到診所檢查抽血報告和身體組成，也沒有醫師問診、監督及護理師的指導。我有一些重要的叮嚀請務必注意。

1. 時時掌控自己的心肝腎功能，確認是否在飲食中有改善。
2. 務必使用有準確的或專業型體脂機，確認是否減到脂肪而非肌肉。
3. 請使用大廠牌的、無添加的蛋白粉。確認是否攝入過多添加物。
4. 注意自己的巨量微量營養素是否充足。

其實自2021年遇到疫情之後，我們開設了線上管道、不管住在哪裡、國內或是海外，都能找到醫師諮詢。我們還培訓了兩位醫師一起加入4+2R診療的行列，2023年終於在台北有了自己的《無齡診所》，能夠擴大照顧到所有想改善腸道健康、增肌減脂的民眾。如果你在自己執行4+2R飲食遇到困難，我都非常建議你要到診所看診，如果你是特殊族群，例如有代謝疾病、有心肝腎慢性病、備孕中、懷孕中、產後哺乳中、兒童或高齡者，都務必尋求專業的協助喔。

# 如何預約無齡診所看診？

1. 購買並上完線上課程：看診前務必先看過課程，了解身體組成、肥胖原因、營養觀念、4+2R各階段的基本吃法，以及產品使用方式。

4+2R
線上課程

2. 加入無齡診所官方LINE，點擊「預約看診」可看目前的門診時間表，選擇時段並填寫初診所需基本資料，LINE小編會跟您確認約診時間。

無齡診所
官方LINE

3. 約好初診日期後，請預約提前一週以上到診所抽血的時間，或自行準備三個月內的血檢報告，需要有以下29個項目，就可以依約來看診囉。

4. 初診時醫師會評估你的抽血報告，以及在診所量測的身體組成，並且了解你的疾病史、用藥史和特殊狀況後，幫你制定個人化的階段性食譜，再由專業的衛教人員，一對一告訴你開始執行食譜的細節。

5. 回去後請安排至少兩週以上不會被聚會聚餐打斷，可以好好開始飲食計劃的時間開始執行，並搭配診所的手冊記錄和家用體脂機，記錄每天的體重、體脂、飲水、睡眠，或是其他特殊狀況和問題。這樣回診的時候醫師才會比較清楚你執行順利或不順利的原因。前期建議三週回診一次，後面大約一個月一次就可以了。

| 檢查項目 | 中文名稱 |
| --- | --- |
| 【肝膽功能檢查】 | |
| GOT/AS | 麩草醋酸轉氨基脢 |
| GPT/ALT | 麩丙酮酸轉氨基脢 |
| 【腎功能檢查】 | |
| B. U. N | 尿素氮 |
| Creatinine | 肌酸酐 |
| Estimated GFR | 腎絲球濾過率 |
| 【尿酸檢查】 | |
| Uric Acid | 尿酸 |
| 【血脂肪檢查】 | |
| T-Cholesterol | 總膽固醇 |
| Triglyceride | 三酸甘油脂 |
| HDL-Cholesterol | 高密度膽固醇 |
| LDL-Cholesterol | 低密度膽固醇 |
| T-Cho/HDL-Cho | 血管硬化指數 |
| LDL-C/HDL-C ratio | 低/高膽固醇比值 |
| 【糖尿病檢查】 | |
| Glucose AC | 飯前血糖 |
| 【甲狀腺檢查】 | |
| T-4（EIA） | 四碘甲狀腺素 |
| T-3（EIA） | 三碘甲狀腺素 |
| TSH（EIA） | 甲狀腺刺激素 |
| 【血液檢查】 | |
| WBC | 白血球 |
| RBC | 紅血球 |
| Hb | 血色素 |
| Hct | 血球容積比 |
| M. C. V. | 平均血球容積 |
| M. C. H. | 平均血球血色素 |
| M. C. H. C. | 平均血球色素濃度 |
| Platelet | 血小板 |
| Neutrophil Seg | 葉狀嗜中性球 |
| Lymphocytes | 淋巴球 |
| Monocytes | 單核球 |
| Eosinophils | 嗜酸性球 |
| Basonhils | 嗜鹼性球 |

　歡迎每一位想要增肌減脂或是想要改善三高、與想要邁向更健康的無齡生活的朋友預約喔。

無齡診所是王姿允醫師在台北的旗艦診所，位於敦化南路一段 259 號 13F，近仁愛圓環。有多位 4+2R 認證醫師駐診，採全自費看診。

除了 4+2R 飲食諮詢門診以外，還提供 CMslim 的被動增肌減脂課程、肢體評鑑老師的體態調整課程或團體課程、心理諮商師的一對一或一對二心理諮商課程。提供學員完整的身、心、靈服務。

另有無齡線上商城，包含學員日常所需的保健品、以及執行過程中會用到的體脂機、餐廚用具等等，提供多元與便捷的優質服務。

Google 無齡商城

# 更多4+2R知識，邊聽、邊看、邊做菜 都在王姿允醫師YouTube頻道

## 奇蹟炸雞

不用油炸
不用麵衣
輕鬆做出

奇蹟炸雞

## 豆腐雞胸漢堡排

楷教練鬼之廚藝

不用油也能做出漢堡排！

王姿允醫師
4+2R代謝飲食法

用腸道菌觀點談減肥

### 王姿允醫師。我的無齡祕笈。

@Dr.amortality · 1.86萬位訂閱者 · 120 部影片

王姿允醫師是全台少數擁有多項專長(肥胖醫學、老年醫學、骨鬆醫學、美容醫學)的家庭醫... >

reurl.cc/1YZvRQ

🔔 已訂閱 ∨

訂閱王醫師頻道，多樣新知不漏接！

# R的疑惑？解答在這裡！

[4+2R] 為什麼會便秘？如何用
　　　　腸道菌觀點解決便秘？

[4+2R] 遇到腸胃炎該怎麼吃？

[4+2R] 減肥一定要挨餓嗎？
　　　　其實吃飽飽才瘦得快！

[4+2R] 水該怎麼喝？喝水6000cc
　　　　不會水中毒嗎？

[4+2R] 豆製品會導致乳癌嗎？
　　　　讓我們用飲食預防癌症！

[4+2R] 戰勝情緒性進食及壓力肥！
　　　　開箱雅婷心理師！

[4+2R] 減肥不減胸！美胸教主
　　　　教你如何UpUp不下垂！

[4+2R] R期間可以吃中藥嗎？
　　　　常見中醫疑難大開示！

# 結語

　　閱讀到這本書的終章不代表終點，而是一個嶄新的起始。透過書中的食譜，希望每位讀者能夠開始動手料理屬於自己的4+2R美味餐點。讓自己吃的每一餐、每一口，都是向健康邁進的一步。期待在未來能從各位那邊聽到，因為實踐4+2R代謝飲食法而帶來的美好變化和成功經驗。請繼續照顧並愛護自己。

　　在此也要感謝所有協助這本書誕生的人，也就是無齡診所的夥伴們，包括：Lydia、Sunny、Teresa、Kasia、Joyce、Ariel、Yumi、Angel、Kat、PeiLin、Blair、Shanda、YiJu、JingWen，都提供了很大的幫助。這是一群在過去幾年因為認同「4+2R代謝飲食法」的宗旨而聚集起來的人，因此每個人都比我還要關心這本書是否可以臻於完美，是否可以幫助到所有料理小白都能夠更輕鬆開心的享用健康食材，讓更多人可以順利獲得健康。因為她們跟我有同樣的信念，所以願意跟我一起討論、試菜、嘗試錯誤、調整食譜內容。這本書的含金量之所以高，並不是只因為它有豐富的知識跟精美的圖片，而是每一道菜的背後，都是每位夥伴們的心血和汗水（廚房很熱的），裡面蘊藏著希望看到這本書的讀者，可以健康享瘦的堅持。希望讀完這本書的您，可以感受到我們團隊的熱情和心意。

　　祝養菌順利，飲食愉快！

## 1 4+2R 線上課程

深入淺出完整介紹 4+2R 飲食原理及吃法,看診前必備。憑購買本書 / 電子書發票,私訊 FB:王姿允醫師。我的無齡秘笈,可索取線上課程折扣碼。一書發票限用一次。

FB 小編　　　　　線上課程

## 2 TANITA 體脂機

TANITA BC-402 是經濟好用的初階機型藍芽體脂機,可以輕鬆紀錄每日體重體脂。另有中階與高階可選擇。由此 QR Code 連結購買,輸入專屬折扣碼『drwzy402』可享優惠。

## 3 InBody 體脂機

InBody H20b 市面上最常見的八電極式體脂機,不用怕上下身脂肪不均勻,可以量測全身性體脂率。由此 QR Code 連結購買,無須折扣碼,直接享有專屬優惠。

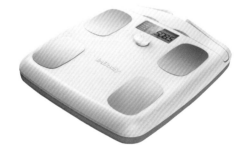

## VOTO 氣炸烤箱

VOTO 氣炸烤箱有多種配色，是一款可以高溫氣炸、也可以低溫發酵的好幫手。由此 QR Code 連結購買，無須折扣碼，直接享有專屬優惠。

## 元初豆漿

元初豆漿只萃取黃豆最濃醇的初漿，是以三段溫層蒸煮工法打造的乳品級豆漿，蛋白質高碳水相對低。由此 QR Code 連結購買，直接享有專屬折扣。

## MASIONS 美心

安全時尚的可微波不鏽鋼保鮮盒，重量輕巧，方便攜帶；還有茶花鍋－3D 厚釜鑄造礦岩鈦合金不沾鍋，讓您的烹飪時光更加順手愜意。由此 QR Code 連結購買，輸入專屬折扣碼『DRJY100』，即享優惠。

保鮮盒　　　　不沾鍋

國家圖書館出版品預行編目資料

4+2R腸道健康食譜：第一次養好菌就上手改善腸道菌相，吃出人人稱羨的易瘦體質 / 王姿允醫師著.-- 初版. -- 臺中市：晨星出版有限公司, 2024.01

面；　公分. --（健康與飲食；157）

ISBN 978-626-320-742-4（平裝）

1.CST: 食譜　2.CST: 健康飲食

427.1　　　　　　　　　　　　　112021323

健康與飲食 157

# 4+2R腸道健康食譜
# 第一次養好菌就上手
## 改善腸道菌相，吃出人人稱羨的易瘦體質

| | |
|---|---|
| 作者 | 王姿允醫師 |
| 監修營養師 | 陳雅雯 |
| 食譜料理攝影 | 無齡診所營養師團隊Lydia、Sunny、Teresa、Kasia、Joyce、Ariel、Yumi、Kat、Hsu,Ching-Yin |
| 主編 | 莊雅琦 |
| 編輯 | 洪　絹、何錦雲 |
| 校對 | 洪　絹、何錦雲、張雅棋 |
| 網路編輯 | 黃嘉儀 |
| 美術排版 | 曾麗香 |
| 封面設計 | 王大可 |

可至線上填回函！

| | |
|---|---|
| 創辦人 | 陳銘民 |
| 發行所 | 晨星出版有限公司<br>407台中市西屯區工業30路1號1樓<br>TEL：04-23595820　FAX：04-23550581<br>E-mail：service-taipei@morningstar.com.tw<br>http://star.morningstar.com.tw<br>行政院新聞局局版台業字第2500號 |
| 法律顧問 | 陳思成律師 |
| 初版 | 西元2024年01月12日 |
| 再版 | 西元2024年08月14日（四刷） |
| 讀者服務專線 | TEL：（02）23672044 /（04）23595819#212 |
| 讀者傳真專線 | FAX：（02）23635741 /（04）23595493 |
| 讀者專用信箱 | service@morningstar.com.tw |
| 網路書店 | http://www.morningstar.com.tw |
| 郵政劃撥 | 15060393（知己圖書股份有限公司） |
| 印刷 | 上好印刷股份有限公司 |

定價560元

ISBN 978-626-320-742-4